材料科学基础
实验指导教程

李　玲　许佳怡　王子奇　李　红　崔绍刚　编著

暨南大学出版社
JINAN UNIVERSITY PRESS

中国·广州

图书在版编目（CIP）数据

材料科学基础实验指导教程 / 李玲等编著. -- 广州：暨南大学出版社，2025．2. -- ISBN 978-7-5668-4108-7

Ⅰ. TB302

中国国家版本馆 CIP 数据核字第 2024AM3359 号

材料科学基础实验指导教程
CAILIAO KEXUE JICHU SHIYAN ZHIDAO JIAOCHENG
编著者：李　玲　许佳怡　王子奇　李　红　崔绍刚

出　版　人：阳　翼
统　　　筹：周玉宏
责任编辑：高　婷
责任校对：刘舜怡　黄晓佳
责任印制：周一丹　郑玉婷

出版发行：暨南大学出版社（511434）
电　　话：总编室（8620）31105261
　　　　　营销部（8620）37331682　37331689
传　　真：（8620）31105289（办公室）　37331684（营销部）
网　　址：http：//www.jnupress.com
排　　版：广州市新晨文化发展有限公司
印　　刷：佛山市浩文彩色印刷有限公司
开　　本：890mm×1240mm　1/32
印　　张：5
字　　数：120 千
版　　次：2025 年 2 月第 1 版
印　　次：2025 年 2 月第 1 次
定　　价：32.00 元

（暨大版图书如有印装质量问题，请与出版社总编室联系调换）

前　言

　　本书是为材料科学与工程学科的本科生编写的，是本专业主要基础课"材料科学基础"的配套实验指导教材。"材料科学基础"是一门理论性与实践性很强的课程，其实验课程的目的是使学生对材料科学的基本知识有更感性的认识，通过实验对其加深了解，能初步做到学以致用。实验课程着重加强对"材料科学基础"课程相关基本知识、基本理论、基本方法的训练，是"材料科学基础"课程中的重要环节。

　　通过本实验指导教程的学习，学生可进一步掌握材料晶体学基础理论，以及材料实验的主要方法和操作技术，并能对测试结果进行综合评定，从而初步掌握材料研究的基本手段与方法，包括宏观分析方法与微观分析方法。学生在实验技能和动手能力方面可得到系统的训练，培养严谨的工作作风，以及理论联系实际、分析问题和解决问题的能力，提高科研实操能力，为后续课程教学以及从事本专业领域内的技术工作打下坚实的基础。

　　本书精选了 16 个实验，分为基础实验（12 个实验）和综合设计实验（4 个实验）。基础实验包含了金相样品的制备和显微组织的观察、固溶强化理论验证实验和力学性能测试实验等内容。综合设计实验包含了冷变形金属和退火后的冷变形金属的力学性能与显微组织表征实验、差示扫描量热法（DSC）绘制

Pb – Sn二元合金相图等。

崔绍刚副教授和李红教授对本书的内容及编排提出了宝贵建议。本书获得暨南大学本科生教改项目和化学与材料学院教学经费的大力资助，同时得到暨南大学出版社的大力支持与指导，在此一并感谢！

本书在编写过程中，参考了国内外的相关教材、专著、期刊及网络文献，在此向本书所引用参考文献的原作者表示感谢！

限于编者的水平，精选实验的内容可能有欠妥或考虑不周之处，殷切希望专家学者及读者提出宝贵意见，以期改进。

作　者

2024 年 12 月

目　录
CONTENTS

第一章

实验安全与要求

〈一〉

实 验 室 安 全

（一） 实验室个人防护

进行本实验教程中实验时，应做好个人防护，如：

（1）进实验室要穿实验服、长裤和能包裹脚的鞋子，禁止穿短裤、拖鞋。

（2）长发人士需要将头发扎起，并用头套罩起来。

（3）实验室药品，尤其是不明液体，不要乱碰。当处理实验室药品时，要穿戴橡胶手套。

（4）如发现不安全因素，要立即报告，暂时不能解决的要采取防护措施。

（5）实验室的一切物品未经管理人员许可，不得带走。

（6）实验结束，协助指导老师进行安全检查，切断电源，关闭门窗。

（7）进行固体粉末或液体飞溅的操作时，需佩戴护目镜。

（二） 一般伤害应急处理

1. 割伤

清水清洗伤口，贴上干净的消毒胶布，去医务室做进一步处理。

2. 烫伤和烧伤

用流动的清水冲洗降温后，轻度烫伤和烧伤可用 90% ~ 95% 的酒精轻涂伤处，再涂烫伤药膏。较为严重的，要用消毒纱布轻轻包扎伤处，并立即送医治疗。

3. 眼睛受伤

无论哪种化学药品溅入眼睛内，都应该立刻用洗眼器冲洗眼睛。冲洗时需要用大量水慢慢彻底冲洗，并且冲洗过程要一直张开眼睛（若自己无法做到，也可求助其他人，请其帮助翻开眼睑），持续冲洗时间不能少于 15 分钟。对因眼内溅入溴、磷、碱金属、浓酸、浓碱或其他具有刺激性物质的眼睛灼伤者，采取必要的急救措施后必须立即送往医院检查并治疗。

玻璃碎屑进入眼睛内是很危险的。此时要尽量保持冷静，绝对不可以用手揉擦，也不要请别人取出碎屑，并且尽量不要转动眼球。但是可以任其流泪，因为玻璃碎屑可能会被泪水带出眼睛。用纱布包住眼睛后，立即送往医院进行处理。

若进入眼睛的异物为木屑、尘粒等，则可以请旁人帮助翻开眼睑，之后用消毒棉签轻柔取出异物，也可以任其流泪，待排出异物后，滴入数滴鱼肝油。

4. 皮肤灼伤

（1）酸灼伤。首先用大量水冲洗，以避免深度受伤，之后用稀 $NaHCO_3$ 溶液或者稀氨水浸洗，最后再用水冲洗。

氢氟酸（HF）能使指甲、骨头腐烂，若其滴在皮肤上，将会形成难以治愈的烧伤。若皮肤被氢氟酸灼伤后，应先用大量清水冲洗不少于 20 分钟，之后用冰冷、饱和的 $MgSO_4$ 溶液或者 70% 酒精浸洗至少 30 分钟，或者用大量水冲洗之后，接着用肥皂水或者2% ~5% 的 NaHCO$_3$ 溶液冲洗，最后再用5% 的 NaHCO$_3$ 溶液湿敷。局部可外用可的松乳膏。

（2）碱灼伤。先用大量水冲洗，之后用1% 的硼酸溶液浸洗，最后再用水冲洗。碱灼伤后，如果创面起泡，不宜把水泡挑破。

5. 中毒

实验过程中如果出现咽喉灼痛、胃部痉挛或者恶心呕吐、嘴唇脱色、心悸头晕等症状时，可能是中毒所致。根据中毒原因施以急救后，应立即送往医院加以治疗，不得延误。若为固体或者液体中毒，有毒物质还在嘴里的应立即吐掉，并用大量水漱口。若误食碱，应先饮用大量水之后再喝些牛奶。若误食酸，则先喝水，再服用 Mg（OH）$_2$ 乳剂，最后饮用牛奶。不能用催吐药，也不应服用碳酸盐或者碳酸氢盐。若为重金属盐中毒，应喝一杯含有几克 MgSO$_4$ 的水溶液，之后立即就医。不能服用催吐药，以免造成危险或者使病情复杂化。

6. 烫伤、割伤等外伤

最容易发生割伤的情况：切割玻璃管、往橡皮塞和木塞中插入温度计与玻璃管等物品。由于玻璃质脆，不能用力挤压任何玻璃制品或者对其造成张力。在将温度计或玻璃管插入塞中时，塞上的孔径大小须与玻璃管的粗细相吻合。在玻璃管壁上滴几滴水或者甘油，用布包住玻璃管上的用力部位，将玻璃管轻柔地旋入塞中，切不可使用猛力将其强行插入塞中。以下为外伤急救方法：首先取出伤口处的玻璃屑等异物，之后用水清洗伤口并挤出一点血，再涂红药水，最后用消毒纱布包扎伤口。也可以在洗净的伤口上贴创可贴。若为严重割伤导致大量出血，则应先止血。

首先使伤者平卧，抬高其出血部位，压住其附近动脉，或者用绷带盖住伤口后直接施压，如果绷带被血浸透，无须换掉绷带，可再盖上另一块绷带施压，之后立刻送往医院治疗。若为轻微烫伤，可以在伤处涂些万花油或者鱼肝油或者烫伤药膏后包扎。

实验室的医药箱内一般都有以下急救药品与器具：①碘酒、医用酒精、紫药水、红药水、创可贴、止血粉、烫伤药膏（或万花油）、1%硼酸溶液、2%醋酸溶液、鱼肝油、20%硫代硫酸钠溶液、1%碳酸氢钠溶液等。②医用镊子、纱布、绷带、剪刀、医用脱脂棉、棉签等。医药箱为专供急救用，平时不许随意挪动或使用其中器具。

（三） 安全用电

在化学实验室，如果需要频繁地使用电学仪器、仪表，应该用交流电源进行实验。本部分简单介绍应用交流电源的基本知识，以利于安全用电。

在实验室中，常用单相220V、50Hz的交流电，有时候也用三相电。任何电器设备或者电线都有规定的额定电流值（即允许长期通过但不会导致其发热过度的最大电流值）。如果负载过大或者发生短路，那么通过电器设备或者电线的电流值就会超过额定电流值，引起过度发热，从而破坏电器设备，甚至可能引起电气火灾。为了实现安全用电，使用外电路电源时，必须先经过适当型号的能耐一定电流的保险丝。如果人体通过50Hz 25mA以上的交流电，会发生呼吸困难，如果通过100mA以上的交流电则会导致死亡。所以，安全用电非常重要，实验室用电时必须严格遵守下列操作规则。

1. 防止触电

（1）不准用潮湿的手碰触电器。

（2）保证所有电源的露出部分均有绝缘装置。

（3）已经坏掉的插头、插座、接头、绝缘不良的电线都应及时更换。

（4）必须先接好线路后再插电源，实验结束时，必须先切断电源后再拆线路。

（5）若遇人触电，须切断电源再行处理。

2. 防止着火

保险丝型号必须与实验室允许的电流值相匹配。

（四）实验室"三废"的处理方法

实验室"三废"是指在实验过程中所产生的废气、废液、废渣。这些废弃物中有许多是有毒有害物质，其中还有一些是剧毒物质与强致癌物质，虽在数量和强度方面不及工业单位，但若不处理随意排放，就会污染环境，危害人体健康，甚至会对实验分析结果产生影响。实验室必须加强对废弃物的处理与管理。下面是实验室废弃物的常用处理办法。

1. 一般原则

应依据实验室"三废"的特点，对它们分类收集、存放和集中处理。实际工作时，应科学地选择合理的实验研究技术路线、控制化学试剂使用量、采用替代物等方法，尽可能地减少废物产生量，减少环境污染。应遵循适当处理、回收利用的原则，尽可能地采用回收、固化和焚烧等方法处理，易操作、处理效率高，且成本较低。

2. 废气

少量的有毒气体可以使用通风设备——通风管道或者通风橱稀释后排到室外，通风管道须有一定的高度，以利于排出的气体被空气稀释。大量的有毒气体必须与氧气充分燃烧或者经过吸收处理，才能排放到室外，例如磷、硫、氮等酸性氧化物的气体，可通过导管进入碱液中，待其被吸收后再排出。

3. 废液

废液须根据其化学性能选择合适的存放地点和容器，将其密闭存放，禁止混合贮存。容器须防渗漏，从而防止挥发性气体逸出导致环境污染。容器标签必须标明废液的种类和贮存时间，并且贮存时间不能太长，贮存的量不能太多；存放地点要有良好的通风条件。易燃、易爆和剧毒药品的废液，其贮存须按危险品的管理规定来办理。废液一般可以通过次氯酸钠氧化处理、酸碱中和与混凝沉淀后排放。有机溶剂废液须根据其性质尽可能地回收。浓度高的废酸液、废碱液要经过中和至近中性（pH 值为 6~9）时才可以排放。

实验报告书写

以书面形式交流研究结果是任何科学探索的必要组成部分，实验是工科大学生理论联系实际和实现学习目标的极其重要的手段和方法，书写实验报告是大学工科课程学习不可或缺的任务和环节。学生在书写实验报告的过程中，可以获得以下知识和技能：用规范、科学的语言来撰写科学报告；用实事求是的态度客观地描述问题和记录实验过程；客观地分析实验中的问题，科学地解决问题；客观科学地阐述实验的结论。实验报告是把实验的目的、方法、过程和结果等内容详细地记录下来。实验报告和论文的写作形式稍有不同。书写实验报告是提高写作技巧、逻辑思维、分析思维与批判思维非常有效的方式。一份好的实验报告应是简洁的、组织良好的、有逻辑的和完整的。书写实验报告具有培养工科大学生综合能力的作用，也具有指导其将来工作的意义。

一份典型的实验报告通常包括以下几部分：

1. 题目

题目要简洁、清楚、切中主题。题目占一行，位于中间。在题目下面写上实验者姓名、实验日期和时间、同组同学姓名。

2. 实验目的

本部分解释为什么要做这个实验。能使实验者明白需要干什么及需要取得什么结果，同时通过了解该实验需要掌握的知识原理、实验操作步骤和最终目的，使实验者更加清楚该实验的意义和价值。

3. 实验原理

实验原理是实验方案可行性的依据，是理论与实际的衔接，是理论的结果在实际中的应用。每个实验方案不应该只是纯理论或纯实践，而是实验者根据实验室现有条件和自己的理论水平，以理论为基础设计的。实验原理是实验方案的核心，所以在写该部分时需要将理论公式和实际条件充分结合，再详细展开，最后引出该实验方案，不能仅仅用几个公式潦草结束。

4．实验材料和方法

这部分解释如何解决问题或验证假设。包括下面各项内容：实验所用的材料、仪器设备、实验环境、实验条件解释；如何以及何时进行实验观察；如何进行实验处理；测定什么指标以及如何进行测定；以什么作为对照。实验者须掌握如何设置实验设备的参数、熟悉操作流程与安全规则。实验者熟练操作实验设备可以提高实验效率，对实验环境的了解可以使实验者推断出实验中出现误差的原因。实验讲义中给出的实验程序可以直接引用，不必在实验报告中重复，但若有任何修改，则必须说明。

5．实验结果与分析讨论

本部分叙述在研究中获得的数据，包括两个部分：数据和对数据的语言描述，但不是简单地罗列数据。语言描述要吸引读者注意数据的意义。这部分不需要对数据进行解释，那属于讨论部分的内容。数据可以用表格和图形的形式呈现。尽管在正式发表文章中，数据只需用图形或者表格一种形式表示，但在实验报告中做这种练习是必要的，这能够使学生用两种形式呈现实验的原始数据，也有助于教师在评价报告时易于发现错误产生的原因。

呈现原始实验数据，并不是研究的结束，在研究中往往需要对数据进行统计分析。分析讨论的内容是关于现在的研究与其他研究的关系，这里需要参考他人的工作。对有些实验报告而言这部分不是必需的。

6．结论

结论是分析研究结果与假设的关系，即结果是支持或否定假设。在科学上，真理是得到广泛支持的假设。实验者需要解释为什么认为实验结果支持或否定假设。

7. 参考文献

文中引用他人的方法、实验数据和观点时一定要注明参考文献，避免剽窃。参考文献包括书籍、网络文章、期刊等，不同期刊所要求的参考文献格式略有不同。期刊文章必须包括作者、文章题目、期刊名称、发表年份、卷号（期号）以及页码；书籍必须包括作者、书名、出版社和出版日期。网络文章必须包括作者、文章题目以及网址。

8. 回答各实验部分列出的思考题

实验者在撰写实验报告的过程中不允许抄袭实验讲义和他人论文，要用自己的语言进行概括和总结，并且要强调结果的分析与讨论，即实验者要结合理论对自己的实验结果进行讨论。不能修改不理想的实验结果，而是要经过分析和讨论来找出实验结果不理想的原因与解决的办法，养成严谨和实事求是的科学态度。

实验数据处理与分析

对于数据的处理是培养严谨科学态度关键的一环。实验中测量得到的许多数据需要处理后才能表示测量的最终结果。对实验数据进行记录、整理、计算、分析、拟合等，从中获得实验结果和寻找物理量变化规律或经验公式的过程就是数据处理。它是实验方法的一个重要组成部分，是实验课的基本训练内容。

（一）误差与有效数字

　　科学实验通常需要进行数据处理，用准确的数据来表达实验结果。在测量时，测量值与真实值之间总会有差距，这种差距我们称为测量误差。测量时，正确的测量结果需要用恰当位数的数字来表达。但是误差存在于任何测量中，测量的水准能用误差的大小来表征。如果测量的绝对误差比测量结果的最后几位数字还要大很多，那么这最后几位数字就变得没有意义。相反，如果测量的绝对误差与测量结果的最末位数字的一半为同一数量级，甚至小得多，将导致测量结果的误差增加，从而浪费人力和财力。

　　数学和测量都会使用数字表达，但这两者具有明显的差异。数学里的数字是具体的点。但对于测量来说，因为存在测量误差，测量中的数字是指以平均值为中心，最大绝对误差为半径的区间。测量结果落在这个区间内的概率会随着最大绝对误差值的变化而变化，所以，测得的数是一个近似值。小数领域是数学和测量这两者之间的另一个主要区别。就数学来说，在一个小数的末位数字后面加零不会使这个小数在数轴上的位置发生改变。就测量来说，如果增加末位数字后面零的个数，那么最大绝对误差的值将会越来越小，因此这些零是有意义的，是不能随意取舍的，它必须和测量误差相一致。

　　有效数字通常的定义，举例来说：用毫米刻度尺测量物体长度时，甲用一把尺子测量出物体的长度为 6.32cm，乙或者甲换一把尺子测量出物体的长度为 6.33cm。前两位没有变化的数字称为可靠数字，最后这位数字被称为可疑数字，这位可疑数字虽然不准，但这个物体的长度在 6.3cm 和 6.4cm 之间能被它客观地反映出来。据上所述，有效数字的定义可理解为：把测量结果中几位可靠数字加上一位可疑数字，称为有效数字。

（二）实验数据处理

数据处理的主要方法有列表法、作图法等。

1. 列表法

列表法即将一组实验数据和计算的中间数据依据一定的形式与顺序列成表格。列表法有以下优点：能简单明确地表示物理量之间的对应关系，便于分析和发现数据的规律性，有助于检查和发现实验中的问题。

设计记录表格时需要做到以下几点：

（1）表格设计要有利于记录、检查、运算与分析。

（2）表格中涉及的各物理量的符号、单位以及量值的数量级都要表示清楚。

（3）测量结果的不确定度和有效数字要被表格中的数据正确反映出来。

（4）表格要加上必要的说明。

2. 作图法

作图法即将两列数据之间的关系用图线表示出来。作图法是常用的处理实验数据的方法之一，它能直观地显示物理量之间的对应关系，揭示物理量之间的联系。作图时必须遵守以下规则：

（1）坐标轴的比例须依据测得值的有效数字与结果的需要来定。数据中的可靠数字原则上在图中也应该是可靠的。人们通常以坐标中的一个小格来对应可靠数字的最后一位的一个单位，有时对应的比例可以适当放大一些。但是选择对应比例要遵循对读数和标实验点有利的原则。最小坐标值不一定非要从零开始，这样能使做出的图线大体上充满整个图，使布局更加美观和合理。

（2）要标明坐标轴。若为直角坐标系，横轴为自变量，纵轴为因变量。坐标轴在坐标纸上用粗实线描出，标明坐标轴代表的物理量（或者符号）和单位，这个物理量的数值每隔一定的间距须在轴上标明。

第二章

基础实验

实验一

金相光学显微镜的原理、 构造及使用

实验目的

（1）掌握金相光学显微镜（Metallurgical Optical Microscope）的工作原理、结构及使用方法。

（2）学会使用金相光学显微镜来定量评价简单物相组织的晶粒大小。

实验原理

（一）光学显微镜种类

光学显微镜的种类很多，按照光路主要分为两大类：正置式和倒置式。倒置式金相光学显微镜的试样观察面向下和工作台面相重合，而观察物镜在工作台下方，向上观察。所以试样高度不会限制这种观察形式，只需要试样观察面平整即可。但由于采用倒置式金相光学显微镜时，处理好的试样表面与载物台发生直接接触，易污染试样表面，且在调整试样位置时，易在其表面形成划痕。正置式金相光学显微镜和倒置式金相光学显微镜的基本功能相同，但分析鉴定 20 ~ 30mm 高度的金属试样时，因为其符合人们的使用习惯，所以在不透明、半透明或透明的物质中应用更广泛。正置式金相光学显微镜在观察时成像为正像，这对使用者的观察与辨别有极大的便利。对于小于 $20\mu m$ 但大于 $3\mu m$ 的观察目标，例如 LCD 基板、电子芯片、印刷电路、金属陶瓷等均有非常好的成像效果。正置式金相光学显微镜对样品的制样要求比倒置式金相光学显微镜要高。

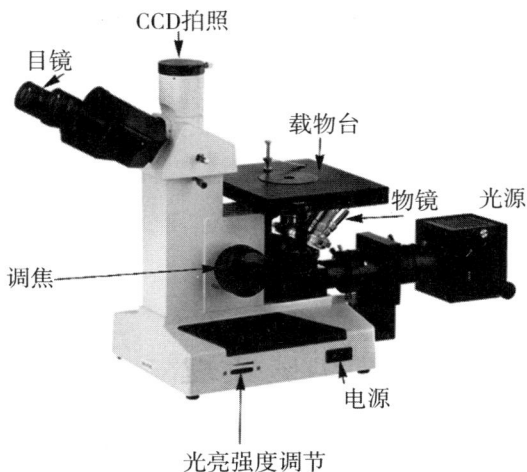

图 2 - 1　XJL - 17 光学显微镜

在历史发展的过程中，显微镜分为单式和复式，现今的显微镜均为复式显微镜。复合显微镜构成复杂并且结构等可以改变，因此演变出多种类型的复合显微镜，如偏光显微镜、立体显微镜、金相光学显微镜、移动显微镜、倒置显微镜等。

（二） 光学显微镜的原理及构造

显微分析是研究金属材料学的一种基础且重要的技术方法，它可以研究用宏观分析方法无法观察到的组织细节及缺陷。显微镜是分析材料的显微组织结构的主要仪器，其可以分析研究各种材料的显微组织。

由于电子显微镜的构造复杂，且成本较高，金相光学显微镜在实际生产检验中应用更为普遍。现代光学显微镜的发展史不长，1665 年英国罗伯特·胡克用复式显微镜观察软木塞，发现小的蜂房状结构——细胞，被视为现代光学显微镜的开端。光学显微镜是基于光线在均匀的介质中做直线传播，并在两种不同介质的分界面发生折射或反射等现象，利用光学原理，把人眼所不能分辨的微小物体放大成像，以供人们提取微细结构信息的重要光学仪器。

1. 光学显微镜的基本成像原理

利用透镜可以将物体的像放大，但单个透镜或一组透镜的放大倍数是有限的，而光学显微镜利用物镜和目镜组合后产生两次放大而成像，以得到更高放大倍数的像。其成像原理为：光线→反光镜→遮光器→通光孔→镜检样品（透明）→物镜的透镜（第一次放大成倒立实像）→镜筒→目镜（再次放大成虚像）→眼。

图 2 - 2 为光学显微镜成像原理图。物体 A、B 处于物镜的一倍焦距 $F_物$ 和两倍焦距之间，它的一次像处于物镜的另一侧且距

离物镜大于两倍焦距，一次像是一个倒立且放大的实像 $A'B'$。当 $A'B'$ 距离目镜大于一倍焦距 $F_目$ 时，目镜又使一次像 $A'B'$ 放大，进而在距离目镜大于两倍焦距之处得到了 $A'B'$ 的正立虚像 $A''B''$。所以最后的映像 $A''B''$ 经过了物镜和目镜两次放大，它的放大倍数应为物镜和目镜放大倍数的乘积，即显微镜的放大倍数应为：$M = M_物 M_目$。

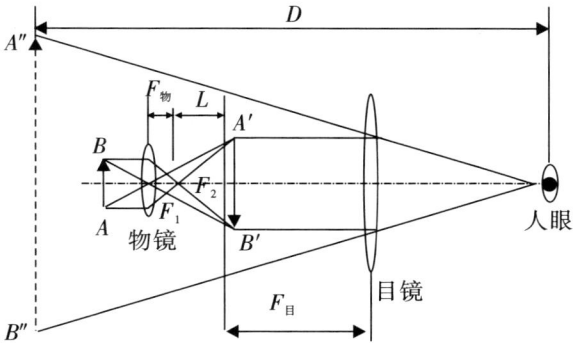

图 2-2　光学显微镜成像原理

当显微镜的机械筒长度恰好等于光学显微镜的镜筒长度时，$M = M_物 M_目$；当显微镜的机械筒长度不等于光学显微镜的镜筒长度时，$M = M_物 M_目 \cdot C$，C 为与机械筒长及光学镜筒长有关的系数。测量时将被测物体放于载物台上，利用调焦旋钮可以驱动调焦机构，使载物台作粗调和微调的升降运动，使被观察物体清晰成像。故减小物镜和目镜的焦距可以提高总放大倍率，这就是显微镜和普通放大镜的区别，也是在显微镜下可以看到细菌、病毒等微生物的原因。

2. 光学显微镜的结构

普通光学显微镜由机械装置和光学系统两部分组成。机械装置包括底座、载物台、镜臂、转换器、镜筒及调节环等；光学系统主要包括目镜、物镜、聚光器和光圈等。图 2-3 为光学显微镜的结构。

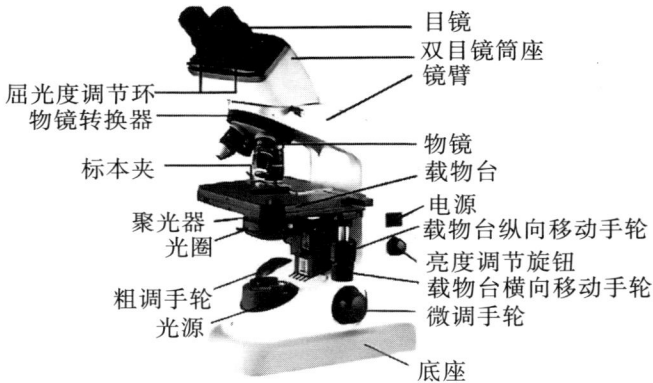

图 2-3　光学显微镜的结构

目镜在镜筒的上端，通常备有 1~2 个，放大倍数一般有 5 倍、10 倍等，目镜上刻有 5×、10× 的符号来表示放大倍数。物镜在旋转器上，旋转器位于镜筒下端，光学显微镜通常有 3~4 个物镜，放大倍数一般有 10 倍、20 倍、40 倍和 100 倍，物镜上刻有 10×、20×、40×、100× 的符号来表示放大倍数。最短的 10 倍物镜为低倍镜，较长的 40 倍物镜为高倍镜，最长的 100 倍物镜为油镜。为了将高倍镜和油镜与其他倍数物镜相区别，常在高倍镜和油镜上加一圈其他颜色的线。物镜分辨率用镜口率（N. A.）来表示，镜口率数值越小，表示分辨率越低。不同倍数物镜的参数如表 2-1 所示。

表 2-1　XJL-17AT 物镜参数（来自 XJL-17 说明书）

物镜	数值孔径	镜口率	工作距离/mm
10×	0.25	0.25	8.80
20×	0.40		8.60
40×	0.60	0.65	3.73
100×（弹簧，油）	1.25	1.30	0.33

表 2-1 中的工作距离为显微镜处于工作状态（即物像调节清晰）时物镜的下表面与盖玻片（盖玻片的厚度一般为 0.17mm）上表面之间的距离。物镜的放大倍数越小，它的工作距离反而越大。物镜与目镜放大倍数的乘积为显微镜的放大倍数，例如物镜的放大倍数为 10，目镜的放大倍数为 10，那么显微镜的放大倍数为 100。

3. 光学显微镜的重要参数

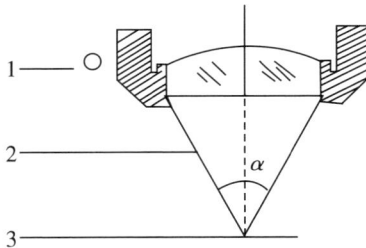

1—物镜；2—镜口角；3—标本面。

图 2-4　物镜的镜口角

（1）数值孔径。

$$NA = n\sin(\frac{\alpha}{2})$$

NA 表示数值孔径，n 表示介质折射率，α 表示镜口角（如图2-4所示），一般来说 α 在实际应用中最大只能达到180°。

（2）分辨率。

$$\Delta r = \frac{0.61\lambda}{n\sin\alpha}$$

λ 表示光波波长。

4. 光学显微镜的操作

（1）镜检前的准备。实验室清洁、干燥；实验台台面水平，稳固无震动；显微镜附近不许放置腐蚀性试剂。显微镜应放置在距离实验台边缘约10cm的操作者左前方，绘图用具放在实验台右侧。

（2）调节光源。如果显微镜没有自带光源，应采用柔和的灯光或者散射的自然光作为外置光源。为使光照最明亮、最均匀，需要转动转换器来使通光孔正对着低倍镜，并且要把聚光器上的虹彩光圈开到最大。这时观察目镜中视野的亮度，同时还要调节反光镜的角度。如果显微镜自带光源，那么可以通过转动电流旋钮来调节光照的强弱。

（3）装置金相样品。将需观察的金相样品放在载物台上，用弹簧夹将其固定，通过移动推进器以使待检样品移动到通光孔中心。

（4）低倍镜观察。首先将低倍镜对准通光孔，缓慢调节粗准焦螺旋使样品与物镜的距离达到最近。接着透过目镜观察，同时缓慢调节粗准焦螺旋，直至样品的物像出现在视野中，之后微调细准焦螺旋，同时通过调节虹彩光圈和光源亮度来使物像达到最清晰。把需要放大观察的部分利用推进器移到视野的中央。若使用的是双筒目镜，须先调整双筒距离再观察，以实现两眼视场的合并。

（5）高倍镜观察。首先转动转换器来选择倍数较高的物镜，为使物像清晰，须转动细准焦螺旋来调节焦距。

（6）油镜观察。油镜不仅工作距离非常短（一般在 0.2mm 以内），而且通常光学显微镜的油镜没有"弹簧装置"，因此，在使用油镜的过程中很容易压碎玻片，甚至损坏物镜，为了防止这些情况的发生，在使用油镜时，必须放慢调焦速度。

①用低倍镜找到需要观察的目标，用中、高倍镜将图像逐步放大，通过移动载物台使需要观察的部位位于视野的中央，通过调节虹彩光圈和光源，以使通过聚光器的光亮达到最大。

②通过调节粗准焦螺旋，使镜筒上升（或者使载物台下降）大约 2cm，再加一小滴香柏油在玻片的镜检部位上。

③缓慢往回转动粗准焦螺旋，同时显微镜从侧面观察，直到油镜浸入油滴，镜头差不多和标本接触为止。

④双眼从目镜中观察，稍调节细准焦螺旋，直到物像变得清晰为止。

⑤镜检完成之后，旋转镜头使其与玻片分离，并且即刻清洁镜头。通常先用擦镜纸擦去镜头上的香柏油滴，再用擦镜纸蘸少许乙醚酒精混合液（2∶3）擦去残留油迹，最后再用干净的擦镜纸擦净（注意向一个方向擦拭）。

（7）还原显微镜。关闭内置光源后拔下电源插头，或者使聚光器和反光镜相互垂直。通过转动物镜转换器，使物镜呈

"八"字形和通光孔相对。再将载物台和镜筒的距离调到最近，降下聚光器。在显微镜上罩上防尘罩，将其放回镜箱中或者柜内。

5. 显微镜的维护

（1）条件许可情况下，实验室应具备三防条件：防震（远离震源）、防潮（使用空调、干燥器）、防尘（地面铺上地板）；电源：$220V \pm 10\%$，$50Hz$；温度：$0°C \sim 40°C$。

（2）调焦时注意物镜不要碰到试样，以免划伤物镜。

（3）当载物台垫片圆孔中心的位置远离物镜中心位置时不要切换物镜，以免划伤物镜。

（4）亮度调整切忌忽大忽小，也不要过亮，否则影响灯泡的使用寿命，也有损视力。

（5）所有（功能）切换，动作要轻、要到位。

（6）关机时要将亮度调到最小。

（7）非专业人员不要调整照明系统（灯丝位置等），以免影响成像质量。

（8）更换卤素灯时要注意高温，以免灼伤；注意不要用手直接接触卤素灯的玻璃体。

（9）关机不使用时，通过调焦机构将物镜调整到最低状态。

（10）关机不使用时，不要立即盖防尘罩，待冷却后再盖，注意防火。

（11）不经常使用的光学部件放置于干燥皿内。

（12）非专业人员不要尝试擦物镜及其他光学部件。目镜可以用脱脂棉签蘸1∶1比例（无水酒精∶乙醚）混合液体甩干后擦拭，不要用其他液体，以免损伤目镜。

《三》

思考题

（1）简述偏振光片的作用及机理。

（2）简述物镜的标记含义。

实验二

金相样品的制备和显微组织的观察

实验目的

（1）掌握金相样品的制备原理。

（2）掌握金属、陶瓷以及复合材料等常用材料显微样品的制备过程和方法。

（3）熟悉不同显微组织的显示原理和方法，了解金相样品的先进制备技术。

（4）掌握金相摄影技术和显微分析法。

实验原理

在生产与科研中，显微分析法是利用金相显微镜来研究金属和合金组织的方法。利用显微分析法可以解决如金属和合金的组织、非金属夹杂物、裂纹、热处理操作是否合理、偏析、晶粒的大小和形状等金属组织方面的问题。其原理为通过金相显微镜利用材料表面不同凹凸面的光线反射程度来显示显微组织状态。光学金相显微分析的第一步是制备出合格的观察样品,将待观看的样品表面磨制成光亮无痕的镜面(显微镜不能观测粗糙样品内部组织,因为入射光照射到粗糙样品表面会产生漫反射),然后通过浸蚀才能分析组织形态。因此需要对样品表面进行加工(通常用磨光和抛光方式)以得到一个光亮的镜面。仅具有光滑平面的样品,在显微镜下只能看到白亮的一片,而看不到组织细节,这是由于大多数金属相对于光具有相近的反射能力的缘故。为了使组织显示出来,必须用一定的试剂腐蚀样品表面,使样品表面不同部分(如晶粒内部、晶界、相界面等)有不同程度的溶解,从而呈现出凹凸不平。凹凸不平的表面在垂直光线照射下,反射进入物镜的光线不同,因此,在显微镜中可以看到明暗不同的图像。经过上述两个阶段后就可以进入显微分析的第三阶段,即显微组织的观察和分析。为了清晰地显示出组织细节,避免出现"伪组织"而导致错误的判断,要求磨面无变形层、水迹、凹坑、污迹、曳尾和划痕等,还要保护好样品的边缘。金相样品制作步骤一般包括取样、镶嵌、磨光、抛光、腐蚀等工序。这些工序是一个有机的整体,无论哪一个步骤操作不当,都会影响最终效果。

下面简要说明制备金相样品的步骤(见图 2 - 5):

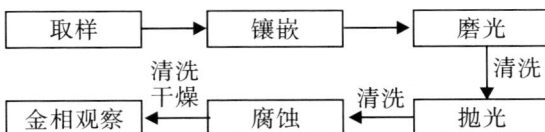

图 2 - 5　金相样品制备过程

（一） 取样

应根据检测和研究目的选取样品上最具有代表性、最典型的部位。除此之外，还须考虑被测材料或零件的工艺过程、性能特点和热处理过程等。例如：铸件因为具有偏析现象，并且从表层到心部具有不同特征的晶区，为了便于分析铸件的缺陷和铸件中的非金属夹杂物等，应由表及里地在铸件不同的典型区域中分别取样。经过轧制和锻造的材料，应在横向和纵向上切取样品，这样可以对比分析材料的显微组织在水平加工方向和垂直加工方向截面上的差别。而热处理后的材料或零件，一般取横向截面来分析研究其显微组织。

在不同材料或零件上切取样品的方法有所不同，但这些方法都应该遵循被观察面的显微组织不能产生变化这个原则。用锯、车、刨等方法截取软材料；通过锤击截取硬而脆的材料；用砂轮切片机、电火花机和线切割机来截取极硬的材料；在大工件上用氧气切割取样等。必须用电、气焊切割时，应防止过热和过烧。切口应距样品面 50 ~ 100mm。样品的大小应以手拿操作方便及便于观察为准。

例如，对于铸造合金，考虑到组织的不均匀性，应从表层到中心的各典型部位截取样品；研究零件的失效原因时，应在失效部位和完好部位分别取样，以便对比分析；对于轧材，研究表层缺陷如夹杂物分布时，应横向取样；研究夹杂物类型、形状，材料的变形程度，晶粒拉长程度以及带状组织时，应横向取样；研究热处理件时，因组织较为均匀可随意取样；对于表面处理的零件，样品主要取自表面。

（二）镶嵌

为了方便制备形状不规则或者较小的（细丝和薄片）样品，须用试样夹将样品夹住或者对样品进行镶嵌。镶嵌样品需要用电木粉、低熔点金属和环氧树脂等。镶嵌后这些样品的尺寸应适合手握。小样品通常需要镶嵌，由一种稳定介质在研磨和抛光时支撑样品，这种介质可以是冷镶嵌体系或者热压缩镶嵌化合物。

镶样前要使用丙酮或酒精清洗样品，有助于提高样品与镶样介质二者之间的黏附性。也可使用超声波清洗器来清洗样品，然后用吹风机吹干样品。在处理样品的整个过程中，应当戴上手套或者使用镊子。

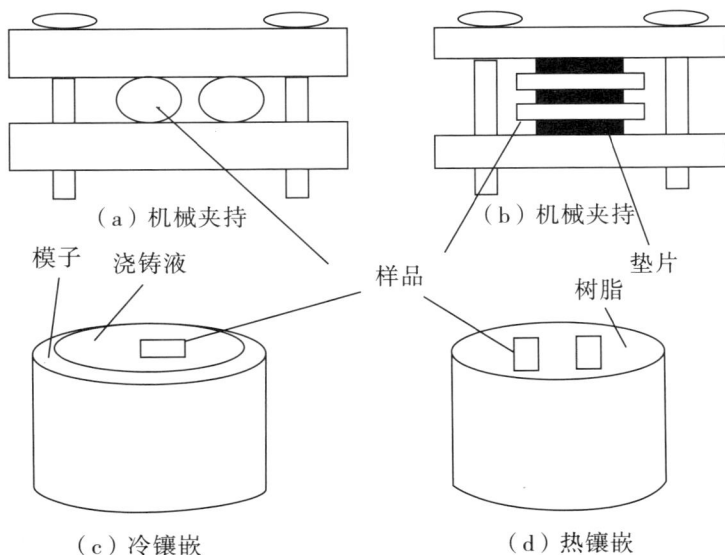

（a）机械夹持　　　　　　（b）机械夹持

模子　浇铸液　　　　样品　　　　树脂　垫片

（c）冷镶嵌　　　　　　　（d）热镶嵌

图 2-6　金相样品的镶嵌方法

1. 冷镶嵌

市场上现有的冷镶嵌产品种类繁多，通常包括丙烯酸树脂在内的不太受欢迎的快速成型产品，因为这些材料常常过度放热、边缘延展性差以及过度收缩。收缩是指在固化过程中树脂收缩脱离样品表面，这是不可取的，因为树脂与样品间的间隙会形成一个污染物聚集点，研磨和抛光阶段产生沙砾会造成表面抛光的交叉污染。此外，未被支撑的边缘在抛光和磨圆阶段容易损坏。因此在镶嵌材料时出现间隙就很难达到抛光良好、表面无划痕的要求。

环氧树脂类材料通常具有较高硬度、较低黏度、固化过程中产生热量少以及更好的边缘延展性等特性。在继续下一步加工前，应留有充足时间确保材料完全固化。环氧树脂在最初的设置后通常需要一段相当长的时间以达到最大硬度，最好使用低温烘箱来固化环氧树脂，这样比在室温下固化更快、材料更硬。冷镶嵌体系需要使用热传导填充物。

冷镶嵌的特征有：①适合热敏感、易碎、脆性样品；②环氧树脂镶嵌体系对样品有最小收缩率和良好的黏附性；③环氧树脂镶嵌体系适用于真空注入；④可制成任何形状。

2. 热镶嵌

热镶嵌使用热固性或热塑性化合物，这些化合物在高温、高压镶样机中硬化，这种镶嵌方法能在较短的时间内制作出较硬的底座，与冷镶嵌相比，热镶嵌的高压环境可使镶嵌材料成型得更为密实。

然而，加热（一般在 180 ℃）和相当大的压强不适用于易碎、柔软或者低熔点样品，这就需要采用一定的技术来保护易碎样品，例如将样品置于成型腔内的支撑结构下。当镶嵌材料是颗粒状时，较高的压力很可能对样品造成损害，这种支撑结构可以保护样品不受初始压力的影响。当镶嵌材料变成液体时，会发生渗透而压缩样品，样品将受到静压力，静压力可以在除了易碎样品外的其他情况下发生。对于非常柔软的材料或热敏感材料，也不宜采用热镶嵌方法。在热镶嵌时，设置适当的固化参数非常重要，时间和温度参数不充足，可能导致产生不完全固化的样品底座，在这样的情况下，镶嵌材料的性能会很差，材料可能松动和呈粉末状。一般来说，如果镶嵌材料固化不当，硬度和耐磨性将会很差，并且材料容易受到腐蚀和溶解的不利影响。此外，在真空条件下会存在排气差这个重大问题，如果怀疑镶嵌阶段出错，最好打破样品，重新镶嵌。

对于计划应用电子显微镜观察的镶嵌样品，通常采用导电镶嵌树脂材料来进行镶嵌，尽管它的黏附力和硬度特征不如环氧树脂。导电镶嵌化合物包括含铜或石墨填料。如果样品的边缘是不感兴趣区域，那么可以使用非导电镶嵌材料。一般情况下，当样品不受温度和压力（180℃及290bar）影响时，热镶嵌方法优于冷镶嵌。非导电性镶嵌必须使用导电胶带或镀上导电介质（可以对样品使用溅射镀膜或蒸发镀膜），对此铝箔或玻璃盖片非常有用。注意：许多黏性金属带具有非导电黏合剂，因此可能需要在接缝处使用碳/银导电胶，同时很薄的碳膜可以蒸镀到样品表面，最佳的情况是样品的表面是裸露的。

热镶嵌法的特点包括以下几个方面：热镶嵌的质量和硬度优于冷镶嵌；具有良好的抗磨损性和足够的硬度，可以保护样品的边缘部分，例如抛磨时样品表面和镶嵌物的抛磨速度要相当；能稳定地与样品黏附，如果镶嵌材料具有较差的黏附力或边缘延展性，那么在镶嵌材料和样品表面之间则会产生间隙，成为磨抛工序期间磨粒的储存位置，当这种情况发生时，就非常难以避免不同抛光颗粒之间的交叉污染，导致最终产生严重刮痕。同样任何易碎表面层（氧化层等）应附着在表面而不是拉断；易碎、脆性以及热敏感材料不能进行热镶嵌，因为热镶嵌过程发生在较高的温度和压强下；考虑到镶嵌样品的外观尺寸，热镶嵌件的顶部和底部表面相互平行，这使得大样品扫描更容易；大部分热镶嵌材料在真空条件下是稳定的，无排气或挥发污染，这一点对于高放大倍数、长时间图像采集和高真空（FEGSEMs）显微镜尤为重要；如果使用非导电镶嵌材料，样品必须通过导电涂料、金属带或导电胶带与样品台相连。

样品镶嵌方法的选择：

（1）如果温度和压力对所研究的材料有影响，那么热镶嵌方法不可用。

（2）一般来说，冷镶嵌所采用的材料的大硬度无法与传统热镶嵌材料相比，这可能会导致镶嵌对样品的边缘的保护和支撑变差，此外，在制备样品时也应考虑耐磨性。

（3）适合 SEM 观察的导电镶嵌材料只适用于热镶嵌。

（4）在真空状态下，镶嵌材料应该是稳定的，如果释放气体，将会污染样品，及显微镜的成像系统。

（5）如果使用非导电镶嵌材料，样品必须使用导电涂料、金属带或导电胶带使其导电。

（三）磨光

磨光可分为人工磨光和机械磨光两种方法。

1. 人工磨光

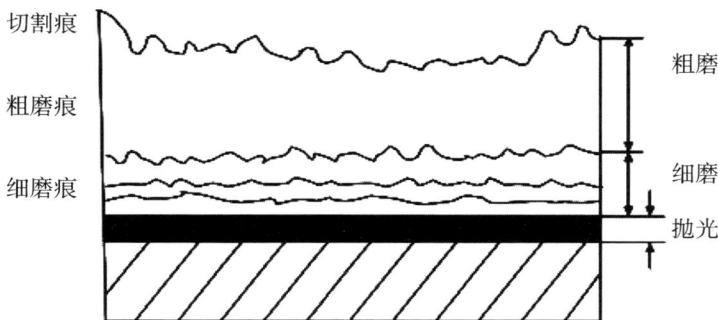

图 2 - 7 样品磨面上磨痕变化情况

（1）粗磨。样品经过切割加工截取的表面通常会凹凸不平，粗糙度较大，如图 2 - 7 所示，需要先使用 40 ~ 60 目（1 目 = 0.001 47mm）的砂轮进行初次整平（或用钢锉锉平），称为粗磨。粗磨可以使样品表面变得平整。钢铁材料一般在砂轮机上进行粗磨。为了避免在样品的表面上造成很深的磨痕，使后序的细磨和抛光变得困难，在粗磨时应保证样品对砂轮施加的压力不能过大。为了避免样品因受热引起组织变化，粗磨时要随时用水冷却样品。为了避免样品在细磨和抛光时割破砂纸与抛光布，甚至飞出抛光机而伤人，样品边缘的棱角在没有保存必要的情况下，应该在粗磨时磨圆（倒角）。

（2）细磨。样品经过粗磨以后虽然能得到比较平整的表面，但表面会留下比较深的磨痕。所以样品经过粗磨之后需要进行细磨，这样可以使表面变得平整且光滑。细磨需要在水砂纸或者金相砂纸上进行，不同型号的砂纸粒度不同，砂纸型号越大，代表其粒度越小（砂纸型号与颗粒粒度对照表如表2-2所示）。常用的水砂纸型号从200~2000#，细磨时先用型号小的砂纸，后用型号大的砂纸。人工细磨时需要放平砂纸，均匀地用力且保持方向一致，不能来回磨也不能左右磨，这样可以观察有没有完全磨掉上一道砂纸留下的磨痕。磨制软材料时，为了避免砂粒嵌入样品表面，可以在砂纸上涂一层润滑油，如机油、煤油、甘油、肥皂水等。每次更换砂纸时，须将样品旋转90°，那么在这道砂纸上形成的磨痕将会与在上一道砂纸上造成的磨痕相互垂直，这样可以将在上一道砂纸上形成的磨痕全部消除，之后接着更换更大型号的砂纸。磨制时要不断加水，起到冷却样品表面和润滑的作用。每换一道砂纸，必须用水将样品和抛光盘冲洗干净，以防止将上一道砂纸留下的粗砂粒带入下一道细磨工序，造成更粗大的划痕。

表2-2　砂纸型号与颗粒粒度对照表

美国 ANSI 砂砾标准	欧洲标准 （P 级）	中位直径/μm
60	P60	250
80	P80	180
120	P120	106
180	P180	75

（续上表）

美国 ANSI 砂砾标准	欧洲标准 （P 级）	中位直径/μm
240	P220	63
320	P360	40.5
400	P800	25.8
600	P1200	15.3
800	P2400	6.5
1200	P4000	2.5

注：所谓磨料微粉的粒度号，按规定用目或粒度表示，它们是指标准筛网上每英寸长度上筛孔的数目。

目前市场上的金相砂纸普遍认可和采用的是美国和欧洲标准，"目"的含义是指 1 平方英寸的面积内筛网的网孔数或研磨介质颗粒的数量，在这里是指研磨介质粒度的大小。因 1in = 2.54cm，由此可推算，1000 目相当于粒度径是 25.4μm。"目"的数字越大，金相砂纸越细。"1000 号"是指美标，研磨介质粒度径为 8.4μm，"号"前面数字越大，金相砂纸越细。"P1000"是指欧标，研磨介质粒度径为 18μm。"P"后面的数字越大，金相砂纸越细。"W10"是标准代号，表明金相砂纸研磨介质粒度径为 10μm。"W"后面的数字越大，金相砂纸越粗，反之越细。

2. 机械磨光

机械磨光过程与人工磨光过程相同，机械磨光是将粒度不同的水砂纸贴在磨抛机的转盘上，磨光时对样品的压力不可过大，并及时加水冷却。同样，每换一道砂纸时，用水洗净样品，以防粗砂粒被带到下一道砂纸上。机械磨光用磨抛机如图 2-8 所示，磨抛机由一个电机带动一个或两个转盘，转盘有砂纸盘与蜡盘这两种。由于蜡盘具有速度快和效率高的优点，因此被大量应用在生产和检验中。砂纸盘需要把水砂纸剪成和磨抛机转盘尺寸差不多的圆形，再用水玻璃将圆形水砂纸粘在转盘上。通常水砂纸的型号有 200#、400#、600#、800#、1000#和 2000#等。磨制时手捏紧样品放在砂纸上，当样品磨面与砂纸完全接触好后再施加一定的压力，同时要不断用水冲洗转盘中心，用以冲走磨下的金属细屑及砂粒，并有冷却样品的作用。

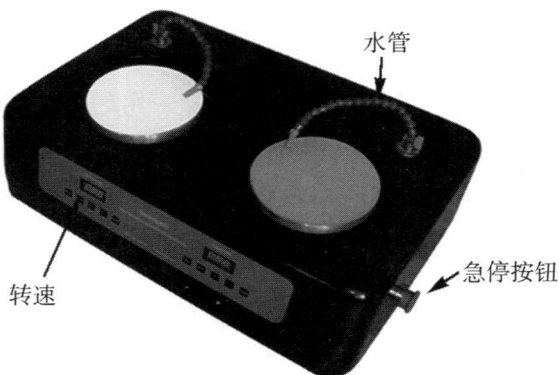

图 2-8　实验所采用的 Unipol-820 型磨抛机

（四）　抛光

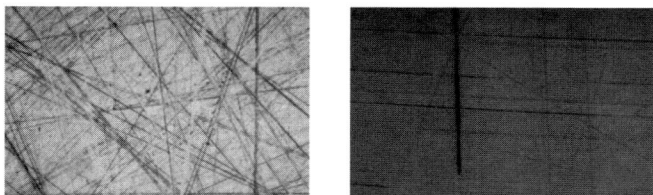

（a）抛光前样品　　　　　　（b）抛光后样品

图 2-9　抛光前后样品表面划痕对比

抛光是磨光的继续，主要是抛去细磨留下的细微划痕，使样品表面更加光亮平滑。抛光方法主要有机械抛光、电解抛光、化学抛光等，其中机械抛光使用最为广泛。

1. 机械抛光

机械抛光有两道工序：粗抛光与细抛光。用水冲洗磨好的样品后即可进行抛光，先粗抛光后细抛光。粗抛光时须将抛光布放置在转盘上，然后将抛光剂或者抛光膏洒（涂抹）在抛光布上。

金相抛光需要抛光布与抛光液搭配使用。抛光液提供磨粒介质，抛光布通过存储和把持磨粒提供载体。抛光布的纹理对磨粒进行存储，以延长磨粒的"服役"时间。对磨粒的把持则是用细磨粒去除样品表面上一道工序留下的粗变形和划痕。磨粒之所以能去除样品的表面材料，是因为其在抛光时能在样品表面进行微切削、微划擦、滚压等。

从长时间的市场应用来看，丝绒布一直占主导地位，所谓"一张丝绒布、一支抛光膏就可以打天下"。但是随着金相检验材料的多样化，制样的日益专业化和精细化，对抛光布和抛光液的要求越来越高。特别是自动磨抛机可以对加载压力、研磨轨迹、抛光液滴注量等实现精确控制后，抛光盘的多样化就显得特别重要。大量经验明确表明，每一款抛光布都具有独特的织物特性和弹性，可以为不同的材料提供最佳的性能。一张抛光布对应一种粒度的抛光液非常重要，不会造成粒度的混淆，去除率一致。机械抛光过程中，要注意以下几点：

（1）抛光之前润湿抛光布，抛光过程中，仅使用抛光液或加非常少量水或酒精进行冷却。

（2）将带背胶的抛光布粘贴在盘面时，应小心均匀地黏附，不能留有空气（鼓包）。

（3）抛光布平放于储存柜和置物架，使其均匀滤水并避免翘曲，同时避免环境灰尘对布的污染。

粗抛光时，将样品平整地压在抛光盘上，使样品的磨面均匀地与抛光盘接触。当抛光盘转动时，抛光液或抛光膏磨削样品，直到抛掉上一道工序留下的磨痕为止。之后再进行细抛光，细抛光的抛光剂是水，其过程与粗抛光相同，一直进行到得到光亮得如同镜面一样的样品表面为止。抛光时要不时地在抛光盘上涂抹抛光剂，整个抛光过程中实验者必须抬起头、站直、握稳样品，防止样品在抛光过程中飞出进而导致意外。

2. 电解抛光

对于软金属和容易发生加工硬化的合金，特别是含有易剥落夹杂物的合金，应尽可能采用电解抛光方法。电解抛光时，样品为阳极，铝板或者不锈钢为阴极。要使阴极表面和样品须抛光的那一面相对放置，接通直流电，这样样品表面上凸起的部分在电流的作用下，会发生溶解而变得平整光亮。电解抛光的优点是：
速度快，抛光后样品表面光洁，跟机械抛光相比，不会产生塑性
变形；缺点就是不容易控制电解抛光的工艺规范。用于电解抛光
的阴极材料、电解液成分、电解时间、电流密度以及电压等，都
是由被抛光的材料决定的。常用电解抛光液及规范如表2-3
所示。

表2-3　常用电解抛光液及规范

抛光液名称	成分	规范	用途
高氯酸－乙醇水溶液	乙醇 800mL、水 140mL、高氯酸（$\omega=60\%$）60mL	30~60V 15~60s	碳钢、合金钢
高氯酸－甘油溶液	乙醇 700mL、甘油 100mL、高氯酸（$\omega=30\%$）200mL	15~50V 15~60s	高合金钢、高速钢、不锈钢
高氯酸－乙醇溶液	乙醇 800mL、高氯酸（$\omega=60\%$）200mL	35~80V 15~60s	不锈钢、耐热钢
铬酸水溶液	水 830mL、铬酸 620mL	1.5~9V 2~9min	不锈钢、耐热钢
磷酸水溶液	水 300mL、磷酸 700mL	1.5~2V 5~15s	铜及铜合金
磷酸－乙醇溶液	水 200mL、乙醇 380mL、磷酸 400mL	25~30V 4~6s	铝、镁、银合金

3. 化学抛光

化学抛光是依靠化学试剂对样品进行选择性溶解，以去除磨痕的一种方法。化学抛光的效果一般总是不太理想的，若和机械抛光结合，将机械抛光的研磨与化学抛光的腐蚀有机结合起来，可以提高抛光的效能。化学机械抛光是一个动态的微细样品表面材料去除过程。化学机械抛光时，抛光液中的化学物质通过跟样品表面发生化学反应，在样品表面形成一层较薄、硬度较低、结合力较弱的生成物。抛光液中的磨粒通过和样品表面之间的压力和摩擦力来去除样品表面的材料。化学机械抛光液一般由去离子水、磨料、pH 值调节剂、氧化剂以及分散剂等添加剂组成。

（五）腐蚀

在抛光后的样品磨面中，非金属夹杂物、铸铁或高速钢中的共晶碳化物、铸铁中的石墨相、粉末冶金材料中的孔隙、显微裂纹等特殊组织无须额外的特殊处理，使用光学显微镜可直接进行观察。除此之外，其他组织必须通过腐蚀，才能在光学显微镜下观察其显微组织。

材料的腐蚀方法主要有浸蚀法、滴蚀法和擦蚀法，如图 2-10 所示。这几种腐蚀方法中浸蚀法是最常用的。腐蚀剂对材料表面的腐蚀作用，是通过溶解或者发生电化学反应来实现的。纯金属和单相合金的腐蚀是通过溶解实现的。溶解时，不同晶粒之间的溶解速度不一样，晶粒与晶界之间的溶解速度也不一样，因此，不同晶粒之间、晶粒与晶界之间被腐蚀的程度不一样，在显微镜下就能看到组织的形貌了。晶界上的原子排列很紊乱，具有相对更高的自由能，因此晶界更容易被腐蚀，在显微镜下能看到晶粒。如果腐蚀比较深，晶粒也会被溶解。金属原子的溶解多是沿着原子排列最密的面进行，而不同晶粒中的原子排列方向不同，腐蚀后不同的晶粒会发生不同程度的倾斜。垂直光线照射在这些晶粒上，就会在显微镜下看到这些晶粒明暗不一。

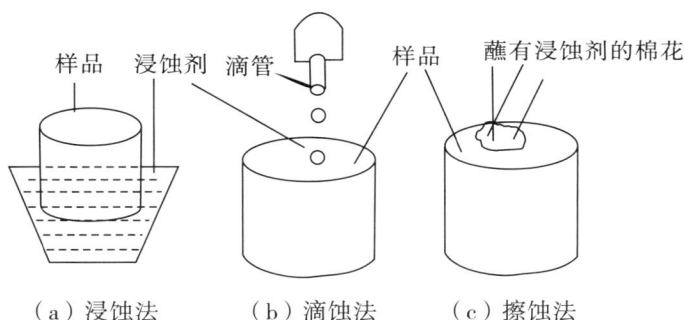

（a）浸蚀法　　　　（b）滴蚀法　　　　（c）擦蚀法

图 2-10　金相化学腐蚀方法

　　采用浸蚀法时，将样品整体浸入浸蚀剂中，在浸蚀剂中作轻缓晃动。为避免腐蚀不均匀，晃动时样品须腐蚀的那一面不能露出液面，如图 2-10（a）所示。腐蚀一定时间（时间长短由样品材料及组织，浸蚀剂性质、浓度及其温度，环境温度等因素而定）后夹出样品，仔细观察样品的抛光表面。当样品表面仍然有很明显的金属光泽时，说明样品只是被轻微腐蚀或者没有受到腐蚀，须继续腐蚀样品；当样品表面的金属光泽基本消失时，说明腐蚀时间已经足够，不必再腐蚀。样品表面一般被腐蚀到呈暗灰色就可以了。由于样品之间的成分不一样、所处环境温度不同，以及浸蚀剂的成分和配比有差异，所以不同样品的腐蚀时间有很大区别，最短的只需要腐蚀几秒，有的则长达十几分钟。常用浸蚀剂如表 2 - 4 所示。

表 2 - 4 金属材料常用的浸蚀剂

浸蚀剂名称	成分	浸蚀条件	使用范围
钢铁材料常用的浸蚀剂			
硝酸酒精溶液	硝酸 1~5mL、酒精 100mL	硝酸含量增加时,浸蚀速度增加。浸蚀时间从数秒至 60 秒	适用于显示碳钢及合金结构钢经不同热处理的组织。显示铁素体晶界特别清晰
苦味酸酒精溶液	苦味酸 4g、酒精 100mL	有时可用较淡溶液浸蚀数秒至数分钟	能显示碳钢、低合金钢的各种热处理组织,特别是显示珠光体和碳化物。显示铁素体晶界效果则不如硝酸酒精溶液
混合酸酒精溶液	盐酸 10mL、硝酸 3mL、酒精 100mL	浸蚀 2~10min	显示高速钢淬火及回火后钢的奥氏体晶粒,以及回火马氏体组织
王水溶液	盐酸（相对密度 1.19）3 份、硝酸（相对密度 1.42）1 份	试样浸入溶液内数次,每次 2~3s,并抛光、用水和酒精冲洗	显示各类高合金钢组织,用于 Cr - Ni 不锈钢的组织显示,晶界、碳化物析出特别清晰

（续上表）

浸蚀剂名称	成分	浸蚀条件	使用范围
有色金属材料常用的浸蚀剂			
氯化铁、盐酸溶液	① FeCl$_3$ 1g、HCl 20mL、H$_2$O 100mL ② FeCl$_3$ 5g、HCl 10mL、H$_2$O 100mL ③ FeCl$_3$ 25g、HCl 25mL、H$_2$O 100mL	先擦拭，再放入溶液中 1～2min	显示黄铜、青铜的晶界，使二相黄铜中的 β 相发暗，铸造青铜枝晶组织图像清晰
氢氟酸水溶液	HF（浓）0.5mL、H$_2$O 99.5mL	用棉花蘸上溶液擦拭 10～20s	可显示铝合金的一般显微组织
浓混合酸溶液	HF（浓）10mL、HCl（浓）15mL、HNO$_3$（浓）25mL、H$_2$O 50mL	此液作粗视浸蚀用，若用作显微组织，则可用水按 9∶1 冲淡后作为浸蚀剂用	是显示轴承合金粗视组织和显微组织的最佳浸蚀剂

　　将样品取出后，应马上用清水（如自来水）冲洗样品被腐蚀面。这是为了将残存在样品表面上的浸蚀剂快速、完全地冲洗干净。如果样品被腐蚀表面存在疏松、裂纹和孔洞，那么应该更加细致彻底地冲洗。这是为了避免这些地方残存的浸蚀剂流到样品被观察面上，造成这些缺陷周围比其他地方被腐蚀得更深，从而影响显微组织的观察与分析。冲洗干净样品后，须马上在样品被腐蚀面喷洒无水酒精，这是为了去除被腐蚀面上留下的水迹。随后用吸水纸（过滤纸）吸干并迅速用电吹风将样品整体吹干。如果裂纹、孔洞较深、较粗，可在清水冲洗后将样品放入无水酒

精中浸泡数分钟后再取出用电吹风吹干，可避免水迹污染样品表面。

◈三◈

实验仪器设备与材料

设备：切割机、砂轮机、手锯、台钳、镶嵌机、磨抛机、电吹风、金相显微镜等。

材料：金属样品，天平，各号水砂纸，抛光剂（氧化铬、氧化铝或金刚石研磨膏等），镊子，棉花（脱脂棉），绒布，浸蚀剂用硝酸、盐酸、酒精等。

◈四◈

思考题

（1）简述金相样品的制备步骤、制备要点及显微组织的显露过程。

（2）为什么在更换砂纸或抛光剂时，要将样品清洗干净？

（3）分析实际制样中出现的问题。就"如何才能制备出高质量样品"谈谈个人的看法。

实验三

铁碳合金显微组织的观察及分析
（碳钢及白口铸铁）

一

实验目的

（1）观察和识别铁碳合金（工业纯铁、碳钢和白口铸铁）在平衡状态下的显微组织特征。

（2）掌握铁碳合金中成分、组织和性能之间的变化规律。

（3）应用杠杆定律计算碳钢中的含碳量。

二

实验原理

铁碳合金包括碳钢和铸铁，按含碳量从低到高将碳钢分为低碳钢、中碳钢和高碳钢，根据碳存在的形态又将铸铁分为灰口铸铁和白口铸铁。在灰口铸铁中，碳以石墨的形式存在；在白口铸铁中，碳以渗碳体的形式存在。本实验将主要观察和认识碳钢与白口铸铁的显微组织。

（一）碳钢和白口铸铁的平衡组织

合金的平衡组织指的是在非常小的冷却速度（如退火状态）下得到的组织。用 Fe – C 相图可以分析铁碳合金的平衡组织。从相图可以看出，所有碳钢和白口铸铁在室温时的相组成物为铁素体和渗碳体。但是由于不同铁碳合金的含碳量不同，因此其结晶条件存在着差异，这导致不同铁碳合金中的铁素体和渗碳体的相对数量、形态和分布不一样，最终导致不同铁碳合金中的组织具有不同的特征。碳钢和白口铸铁的显微组织如表 2 – 5 所示。

表 2 – 5 碳钢和白口铸铁平衡状态下的显微组织

铁碳合金	碳含量（质量分数/%）	显微组织
工业纯铁	~0.021 8	铁素体（F）
亚共析钢	0.021 8 ~ 0.77	铁素体（F）＋珠光体（P）
共析钢	0.77	珠光体（P）
过共析钢	0.77 ~ 2.11	珠光体（P）＋二次渗碳体（Fe_3C_{II}）
亚共晶白口铁	2.11 ~ 4.30	珠光体（P）＋ 二次渗碳体（Fe_3C_{II}）＋莱氏体（Ld′）
共晶白口铁	4.30	莱氏体（Ld′）
过共晶白口铁	4.30 ~ 6.69	莱氏体（Ld′）＋一次渗碳体（Fe_3C_I）

（二）各种基本组织及其特征

1. 铁素体（F）

是碳在 $\alpha - Fe$ 中的间隙固溶体，具有体心立方晶格。常温时，铁素体中的含碳量很低，为 0.000 8%；当温度为 727℃时，铁素体中的含碳量最大，为 0.021 8%。铁素体塑性良好，硬度较低，跟纯铁的性能很相似。用硝酸酒精溶液腐蚀后，铁素体在显微镜下呈白色（如图 2 - 12 至图 2 - 14 所示）。

2. 渗碳体（Fe_3C 或 Cm）

渗碳体是金属化合物中的间隙型化合物，具有复杂的斜方结构，其含碳量根据化学式计算为 6.69%。如果用硝酸酒精溶液腐蚀，在显微镜下呈白亮色（如图 2 - 15 所示）。如果用苦味酸钠溶液作为腐蚀剂，铁素体呈白色，渗碳体则呈黑褐色。所以用苦味酸钠溶液作为腐蚀剂可以在金相显微镜下区分铁素体和渗碳体。渗碳体硬度很高（大于 HV800），但脆性很大，强度和塑性很差。渗碳体是一种硬脆相，综合力学性能比较差。如果作为基体存在，则材料整体性能也是硬脆的。如果作为第二相弥散分布在机体上则可强化材料。由于形成条件不同，渗碳体在铁碳合金中的形态有片状、粒状或断续网状。

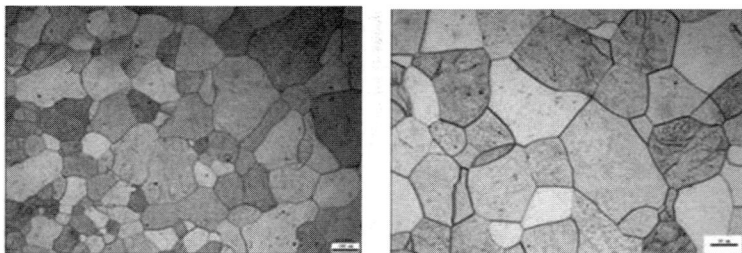

（a）100× （b）500×

图 2 - 11 工业纯铁的显微组织，全部为等轴状铁素体

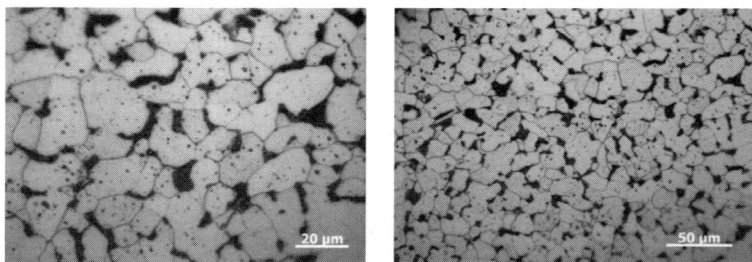

（a）100× （b）500×

图 2 - 12 20 钢经过退火后的显微组织，白色块状为 F，黑色块状为 P

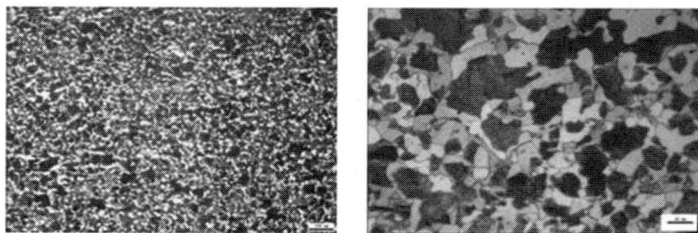

（a）100× （b）500×

图 2 - 13 45 钢经过退火后的显微组织，白色晶粒为 F，黑色块状为 P

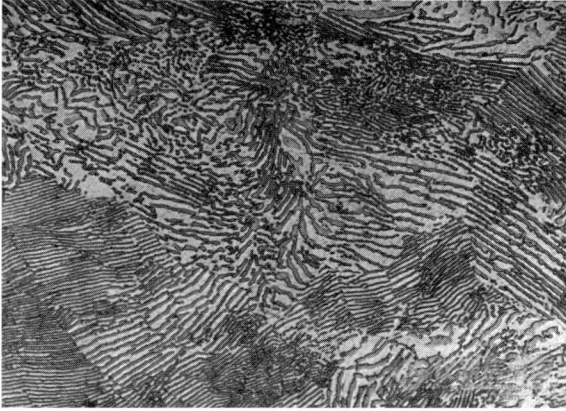

图 2 - 14　T8 钢的显微组织（400 ×），层片状组织为 P

　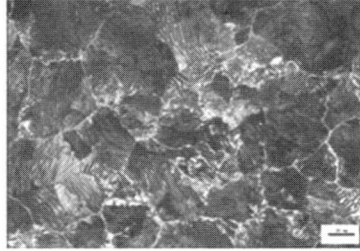

　　（a）100 ×　　　　　　　　（b）500 ×

图 2 - 15　T12 钢的显微组织，P（层片状）＋ Fe_3C_{II}（白色网状），硝酸酒精溶液腐蚀

3. 珠光体

　　珠光体是铁素体和渗碳体交替排列形成的层片状组织（如图 2 - 14 所示）。经 3% ~ 5% 硝酸酒精溶液浸蚀后，铁素体和渗碳体皆呈白亮色。显微镜的放大倍数不同时珠光体形貌也不一

样。在高倍显微镜下，铁素体为白亮色宽条，渗碳体为白亮色凸起细条，而铁素体和渗碳体的边界则为黑色的阴影。在中倍显微镜下，铁素体为白亮色宽条，渗碳体为细黑条。在低倍显微镜下，铁素体和渗碳体分不清，珠光体看起来很模糊，颜色很暗，是块状的组织。

4. 莱氏体（Ld）

莱氏体是由渗碳体和奥氏体组成的机械混合物，是一种高温亚稳的组织。随着温度降低，莱氏体中的奥氏体会析出二次渗碳体，当温度继续降低到727°C时，奥氏体发生共析反应，形成珠光体。所以在室温下莱氏体转变成由珠光体和渗碳体组成的机械混合物，这种混合物叫低温莱氏体（Ld′），也叫变态莱氏体。这里的渗碳体有两种，一种是共晶反应中析出的共晶渗碳体，另一种是从奥氏体析出的二次渗碳体。这两种渗碳体连在一起，在金相显微镜下无法分辨。莱氏体用3% ~ 5%硝酸酒精溶液腐蚀后，在显微镜下可以看到许多黑色物质均匀地分布在白亮色的基体上。其中黑色的是珠光体，珠光体有块状和条状的，白亮色的是渗碳体（如图2-16所示）。

图2-16　共晶白口铸铁室温平衡状态显微组织：Ld′（黑色块、点为P，白色为Fe₃C基体）

由于低温莱氏体的基体是渗碳体，所以低温莱氏体是硬脆组织，硬度很高，大约为HB700，很脆，几乎没有韧性。常见于白口铸铁和某些高碳合金钢中。

亚共晶白口铸铁在室温下的组织由低温莱氏体、珠光体和二次渗碳体组成（如图2-17所示）。其中，珠光体是大块的黑色树状，二次渗碳体是白亮色的。组织中的渗碳体连在一起，金相显微镜无法分辨它们。过共晶白口铸铁在室温下的组织是由低温莱氏体和一次渗碳体组成的（如图2-18所示），在金相显微镜下看到的长白条是一次渗碳体。

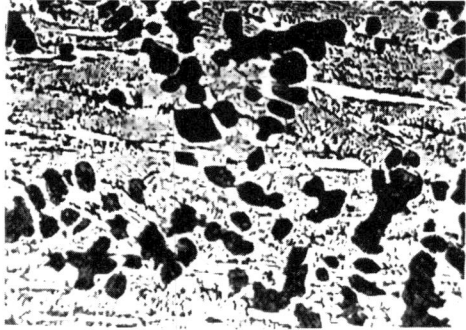

图2-17 亚共晶白口铸铁室温平衡显微组织：P（黑色团状）+ Fe_3C_{II} + Ld′

图2-18 过共晶白口铸铁室温平衡显微组织：Fe_3C_I（白色宽长条）+ Ld′（小黑色条、点和白色基体）

实验内容与方法

1. 实验内容

（1）观察。表2-6为实验观察样品。

表2-6　实验观察样品

序号	材料	处理工艺	浸蚀剂
1	工业纯铁	退火	4%硝酸酒精溶液
2	20钢	退火	4%硝酸酒精溶液
3	T8钢	退火	4%硝酸酒精溶液
4	T8钢	退火	苦味酸钠溶液
5	T12钢	退火	4%硝酸酒精溶液
6	亚共晶生铁	铸态	4%硝酸酒精溶液
7	共晶生铁	铸态	4%硝酸酒精溶液
8	过共晶生铁	铸态	4%硝酸酒精溶液

（2）描绘出所观察样品的显微组织示意图，并注明样品的材料、组织组成物、显微镜的放大倍数、热处理名称和浸蚀剂等。

2. 实验设备与材料

（1）金相显微镜。

（2）金相图谱和放大的金相图片。

（3）经各种热处理的标准金相样品。

思考题

根据 $Fe-Fe_3C$ 状态图，利用杠杆定律可以计算钢的含碳量，也可以计算各组织（或相）的百分量。

已知含碳的碳钢，可计算所含铁素体和珠光体的百分数（计算时可忽略铁素体中的少量碳，将其看作纯铁，珠光体含碳量可看成0.8%）。

（1）已知含碳量为0.4%的碳钢，求P和F各占多少？

$W(P) = (0.4-0)/(0.8-0) = 50\%$

$W(F) = (0.8-0.4)/(0.8-0) = 50\%$

提示：从显微镜视场中可估测出P与F各占多少，然后计算碳钢的含碳量。

（2）观察到显微组织中有60%的面积为珠光体，40%的面积为铁素体，求钢的含碳量。

提示：$C\%\,wt = 60\% \times 0.8 \times 100\% = 0.6 \times 0.8 \times 100\% = 0.48\%$

实验四

铁碳合金显微组织的观察及分析
（灰口铸铁）

（一）

实验目的

（1）了解和掌握不同石墨形态的铸铁组织。

（2）了解铸铁组织与性能之间的内在关系。

（二）

实验原理

工业上的铸铁是一种以 Fe、C、Si 为基础的多元合金，其中碳含量（质量分数）为 2.0%～4.0%。铸铁成分中除 C、Si 外，还有 Mn、P 和 S，号称五大元素。为了改善铸铁的某种性能，还经常有目的地向铸铁中加入一些不同种类和含量的合金元素，形成各种类型的合金铸铁。如向铸铁中加入高含量的 Cr 元素，可满足高的耐磨性能要求，形成耐磨铸铁件。

目前对于铸铁主要按照其使用性能、断口特征或化学成分等进行分类。如灰口铸铁代表着其断口特征为灰口，它是铸铁中使用最多的一种。灰口铸铁是在珠光体（或铁素体）基体中分散有大量片状石墨的铸铁。浇铸时缓慢冷却即可促使石墨化，便可得到灰口铸铁。因断口常呈灰黑色而区别于白口铸铁。灰口铸铁一般被划分为脆性材料，但仍有一定的吸收外力变形并表现有一定韧性。其碳含量一般为 2.8%~4.0%，因其浇铸性能良好，被广泛应用于结构较为复杂的铸件中，甚至用于浇铸受压力的容器（如造纸烘缸）。

常见铸铁名称代号及牌号表示方法如表 2-7 所示：

表 2-7　铸铁名称、代号及牌号表示方法

铸铁名称	代号	牌号表示方法实例
灰铸铁	HT	HT100
蠕墨铸铁	RuT	RuT400
球墨铸铁	QT	QT400-17
黑心可锻铸铁	KTH	KTH300-06
白心可锻铸铁	KTB	KTB350-04
珠光体可锻铸铁	KTZ	KTZ450-06
耐磨铸铁	MT	MTCu1PTi-150
抗磨白口铁	KmTB	KmTBMn5Mo2Cu
抗磨球墨铸铁	KmTQ	KmTQMn6

（续上表）

铸铁名称	代号	牌号表示方法实例
冷硬铸铁	LT	LTCrMoR（R 表示稀土元素）
耐蚀铸铁	ST	STSi15R
耐蚀球墨铸铁	STQ	STQA15Si5
耐热铸铁	RT	RTCr2
耐热球墨铸铁	RTQ	RTQA16

灰口铸铁的性能与普通碳钢相比，具有如下特点：

（1）力学性能低。灰口铸铁的抗拉强度比较低，这种现象同灰口铸铁的组织特征是分不开的。由于石墨的力学性能很低，灰口铸铁的显微组织实际上相当于布满孔洞或裂纹的钢。在拉伸时，由于片状石墨对钢基体的分割作用和所引起的应力集中效应，故其抗拉强度值远低于钢。

（2）耐磨性与消震性优。由于铸铁中的石墨有利于润滑及储油，故耐磨性好。同样，由于石墨的存在，灰口铸铁的消震性优于钢，常用于制作下水道井盖。

（3）工艺性能好。由于灰口铸铁含碳量高，接近于共晶成分，故熔点比钢低，因而铸造流动性好。另外，由于石墨的存在使切削加工时易于形成断屑，故灰口铸铁的可切削加工性优于钢。

灰口铸铁以其力学性能来表示牌号，"HT"，其后以三位数字来表示。其中"HT"表示灰口铸铁，数字为其最低抗拉强度值，例如 HT200，表示以直径 Φ30mm 单铸试棒加工的标准拉伸样品所测得的最小抗拉强度值。依照 GB/T 9439—2010 灰铸铁件，灰口铸铁共分为 HT100、HT150、HT200、HT225、HT250、

HT275、HT300、HT350 八个牌号。

　　根据含碳量，对几种铸铁作以下分析：

　　（1）灰口铸铁 HT350、HT275、HT250、HT225、HT150 与可锻铸铁 KTZ470 - 04 属于亚共晶铸铁分类，HT100、球墨铸铁、蠕墨铸铁是过共晶铸铁。

　　（2）亚共晶灰口铸铁中，碳当量最低、离共晶点最远的 HT350 的强度最高，HT250 次之，HT150 最低，即灰口铸铁的碳当量越低，离共晶点越远，强度越高。由相图分析可知，原因有二：一是离共晶点远，碳当量低，说明铸铁中石墨少，降低了石墨对基体的削弱作用，使铸铁强度增加；二是离共晶点远，液相线与固相线距离变大，析出的奥氏体粗大，数量增多，形成骨架，使铸铁强度增高。

　　（3）过共晶铸铁 HT100 在 8 种铸铁中强度最低。由相图可看出，该铸铁在初析阶段析出粗大的初生石墨，加上较高的碳当量与石墨数量，显著增大了石墨对基体的割裂作用，从而导致强度极大地降低。

　　（4）球墨铸铁 QT600 - 3 与蠕墨铸铁 RuT400 在相图上虽都属过共晶铸铁，但石墨呈球状与蠕虫状，碳当量虽高，但其强度不因碳当量升高而下降，强度还远高于灰口铸铁。这说明在对铸铁力学性能产生影响的因素中，石墨形态是起决定性作用的，只有在片状石墨下，碳当量对力学性能才起主要作用。高碳当量的球墨铸铁与蠕墨铸铁之所以有高强度，原因是石墨的形态发生了变化，即由片状变为球状或蠕虫状，从而大幅度地降低了石墨对基体的割裂作用，片状石墨位于相界处，容易成为裂纹的起始点，说明石墨形态对强度的作用远大于碳当量。

　　（5）可锻铸铁的强度高于灰口铸铁，除其碳当量低于灰口铸铁外，主要是热处理后石墨形态变为团絮状的缘故，而后者的作用是强度高的主要因素。

铸铁中石墨形态可分为以下几类：

（1）灰口铸铁：铸铁中石墨呈片状存在（见图 2-19）。

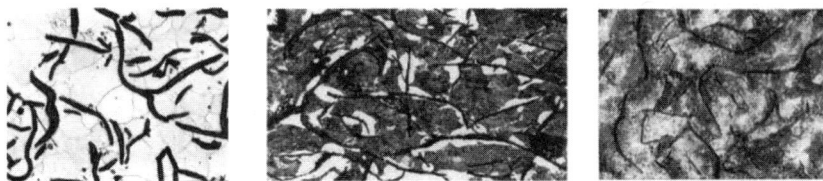

（a）铁素体灰口铸铁　　（b）铁素体＋珠光体灰口铸铁　　（c）珠光体灰口铸铁

图 2-19　灰口铸铁的显微金相组织

（2）可锻铸铁：铸铁中石墨呈团絮状存在，如图 2-20 所示。它是由一定成分的白口铸铁经高温长时间退火后获得的。其机械性能（特别是韧性和塑性）较灰口铸铁高，故习惯上称为可锻灰口铸铁。

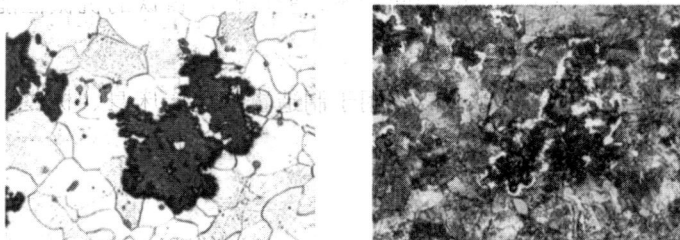

（a）铁素体基体可锻铸铁　　　　（b）珠光体可锻铸铁

图 2-20　可锻铸铁的显微金相组织

（3）球墨铸铁（Spheroidal Cast Iron）：铸铁中石墨呈球状存在，它是在铁水浇注前经球化处理后获得的。这类铸铁不仅机械性能比灰口铸铁和可锻铸铁高，生产工艺也比可锻铸铁简单，而且还可以通过热处理进一步提高其机械性能，所以它在生产中的应用日益广泛。

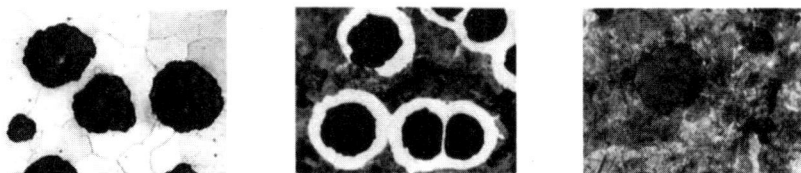

（a）铁素体球墨铸铁　（b）铁素体 + 珠光体球墨铸铁　（c）珠光体球墨铸铁

图 2 – 21　球墨铸铁显微金相组织

（4）蠕墨铸铁（Vermicular Graphite）：石墨形态介于片状和球状之间，在光学显微镜下，片状较短且厚、头部较圆（形似蠕虫）。如图 2 – 22 所示，图中黑色蠕虫状物质即为蠕状石墨，白色基体为铁素体，灰色线条状物质为珠光体。其组织是介于灰口铸铁和球墨铸铁之间的中间状态，所以蠕墨铸铁的机械性能也介于两者之间，即强度和韧性高于灰口铸铁，但不如球墨铸铁。蠕墨铸铁的耐磨性较好，故适用于制造重型机床床身、机座、活塞环、液压件等。

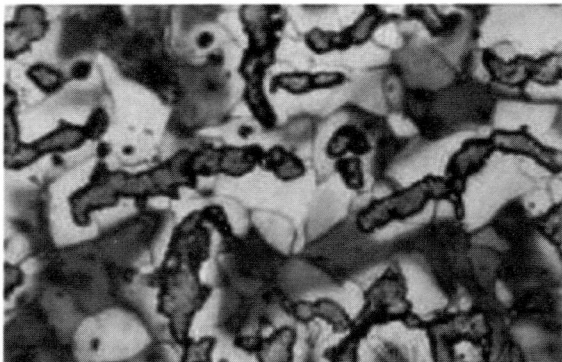

图 2 – 22　蠕墨铸铁显微金相组织

《三》

实验内容

通过金相显微镜观察实验，描绘出所观察铸铁样品的显微组织示意图，并注明材料、处理工艺、放大倍数、组织名称、浸蚀剂以及石墨形态等。

《四》

实验材料及设备

（1）金相显微镜。

（2）金相图谱和放大的金相图片。

（3）经各种不同热处理的铸铁金相样品。

实验五

有色金属材料组织观察

实验目的

（1）掌握常用铝合金、铜合金、钛合金以及轴承合金的显微组织特征。

（2）分析金属材料显微组织与性能之间的关系。

实验原理

（一）铝合金

铝（Aluminum）是一种银白色金属元素，元素符号为 Al，有延展性，比强度高。铝的密度为 2.70g/cm^3，熔点为 $660℃$，沸点为 $2\,327℃$。铝元素在地壳中的含量仅次于氧和硅，居第三位，是地壳中含量最丰富的金属元素。由于铝元素综合性能优越，并且储量丰富，因此被广泛应用于很多领域。

在铸造铝合金中应用最广泛的为铝硅系合金，由于其良好的铸造、焊接、抗磨、抗蚀性能，低热膨胀系数和高比强度，被广泛应用于汽车、航空航天和军事领域。铝硅系合金中，元素 Si 为主要合金化元素，其价格较为便宜。其中硅元素的质量分数为 10%～30%，典型的牌号为 ZL102。从图 2-23 所示的 Al-Si 二元合金相图可知，其成分在共晶点附近，具有较低的熔点，优良的铸造性能，即流动性好，铸件致密，不容易产生铸造裂纹。化学成分位于共晶点附近的 Al-Si 合金铸造凝固后通常得到共晶显微组织，由 α-Al 树枝晶、块状的硅晶体以及粗大针状或层状的共晶硅晶体组成，如图 2-24（a）所示。这种粗大的针状和块状硅晶体会严重降低合金的塑性与韧性，因此，通常需采用热处理、形变以及化学处理来细化其组织结构。

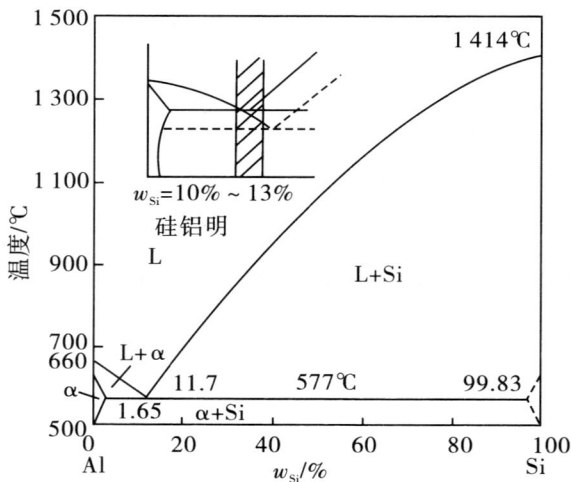

图 2-23　Al-Si 二元合金相图

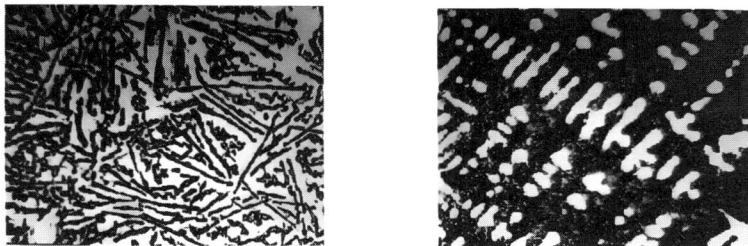

（a）硅铝明，处理过程为铸态（未变质），金相组织为 Si + （α + Si）共晶，浸蚀剂为 3%~5% 硝酸酒精

（b）硅铝明，处理过程为铸态（经变质），金相组织为 Si + （α + Si）共晶，浸蚀剂为 3%~5% 硝酸酒精

图 2 - 24　不同处理过程的硅铝明显微组织

（二）铜合金

铜合金是人类历史上首次进行实际应用的金属，按照化学成分可分为黄铜（铜锌合金）、青铜（铜锡合金）和白铜（铜镍合金）。这里主要介绍黄铜，黄铜是以锌为主要合金元素的铜合金，最简单的黄铜是铜锌二元合金。由图 2 - 25 的 Cu - Zn 二元合金相图可知，对于含锌质量分数低于 39% 的黄铜，其组织为单相 α 固溶体，这种铜称为 α 黄铜或单相黄铜。单相黄铜通常具有良好的塑性，可进行多种冷变形。如单相黄铜 H90，其含锌质量分数为 9% ~12%，具有良好的力学性能和压力加工性能，表面处理性能好，可镀金属及涂敷珐琅，是子弹弹头壳的主要材料。H90 经变形及退火后，其 α 晶粒呈多边形，并有大量退火孪晶，见图 2 - 26 （a）。对于锌质量分数在 39% ~45% 之间的黄铜，如 H62，其退火组织 ［见图 2 - 26 （b）］ 具有 α + β′两相组织，称为双相黄铜。其中，α 相呈亮白色，β′相呈黑色，是以 Cu - Zn

化合物为基的有序固溶体，在 450℃ ~ 468℃ 温度范围内由 β 相转变而成，机械性能呈硬而脆的特点。双相黄铜可以进行热压力加工，冷变形能力较差。

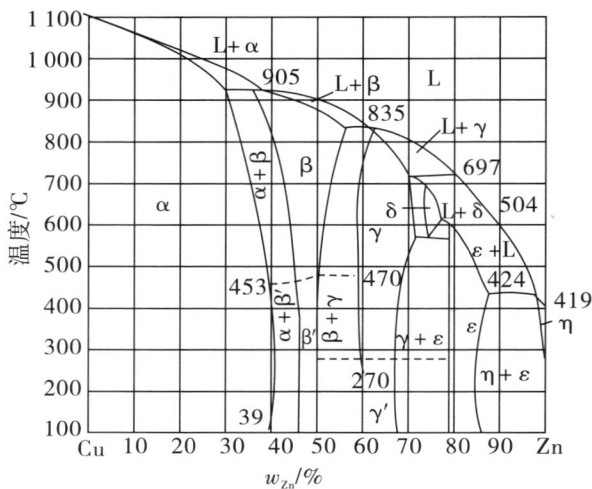

图 2 - 25　Cu - Zn 二元合金相图

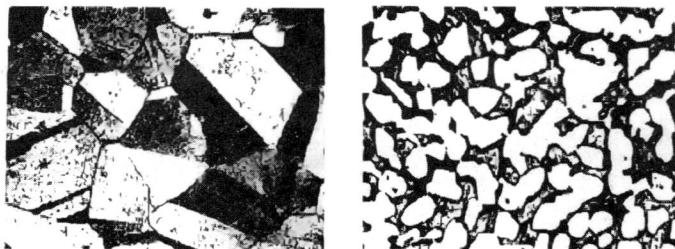

（a）单相黄铜　　　　　　（b）双相黄铜

图 2 - 26　普通黄铜的显微组织

（三）滑动轴承合金

巴氏合金是滑动轴承合金中应用较多的一种。锡基巴氏合金 $ZSnSb_{11}Cu_6$ 是常用的一种，其中 Sn 含量为 83%（质量分数，下同），Sb 为 11%，Cu 为 6%。$ZSnSb_{11}Cu_6$ 合金的显微组织见图 2 - 27，暗色基体为软的 α 固溶体，亮方块或三角形为 SnSb 化合物，亮色针状或星状基体为 Cu_6Sn_5。

$ZSnSb_{11}Cu_6$ 常用于浇铸大型机器的滑动轴承，如汽轮机以及汽车发动机的滑动轴承。但含有稀缺元素 Sn，成本较高，所以尽可能用铅基合金代替。常用的铅基合金是 $ZPbSb_{16}Sn_{16}Cu_2$，其中 Pb 为 66%，Sb 为 16%，Sn 为 16%，Cu 为 2%，组织中花纹状基体为共晶体 α(Pb) + β，而硬的质点是白色方块状的 β 相（SnSb）。加入质量分数为 16% 的 Sn，其作用是生成硬的 SnSb 质点和融入 Pb 中使基体强化，加入 2% 的 Cu 能生成 Cu_2Sb 软质点，增加耐磨性或减轻合金的比重偏析。铅基轴承合金的硬度、强度和韧性较锡基合金为低，因而只能用于浇铸中等负荷的滑动轴承，如汽车、拖拉机曲轴以及电动机曲轴等。

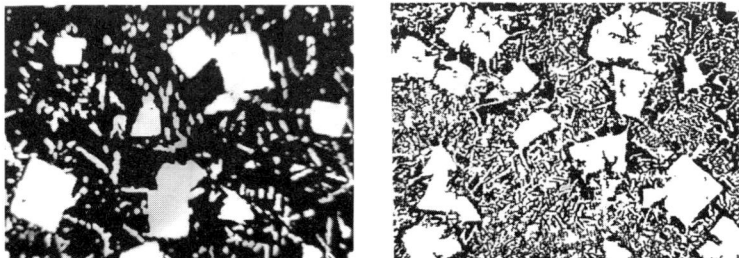

（a）$ZSnSb_{11}Cu_6$　　　　　（b）$ZPbSb_{16}Sn_{16}Cu_2$

图 2 - 27　铸造轴承合金显微组织

（四）钛合金

钛合金指的是用钛与其他金属制成的合金。钛是 20 世纪 50 年代发展起来的一种重要的结构金属，钛合金强度高、耐蚀性好、耐热性高。钛合金主要用于制作飞机发动机、压气机部件，其次为火箭、导弹和高速飞机的结构件。Ti - 6Al - 4V 合金是第一款实用的钛合金，于 1954 年由美国研制成功。由于 Ti - 6Al - 4V 合金具有良好的强度、塑性、韧性、耐热性、成形性、可焊性等，因此成为钛合金工业中的王牌合金，该合金使用量已占全部钛合金的 75% ~ 85%。其他许多钛合金都可以看作 Ti - 6Al - 4V 合金的改型。

图 2 - 28　Ti - 6Al - 4V 合金材料的显微组织

实验设备及材料

（1）金相显微镜。

（2）铝合金、铜合金、钛合金以及轴承合金金相样品。

实验内容及步骤

（1）观察铝合金、铜合金、钛合金以及轴承合金金相样品的显微组织，分析各组织组成物的形态特征以及组成。

（2）使用金相显微镜以及图像处理软件对图片中各组织进行定量分析。

实验报告要求

给出各合金显微组织图片，分析其组织特征及可能的性能特点。

实验六

材料显微组织的体视学定量分析

《一》

实 验 目 的

（1）了解定量金相分析在材料显微组织分析研究中的应用。

（2）了解定量金相分析的基本符号和基本方程的意义。

（3）掌握材料显微组织中给定相的体积分数、晶粒或析出相粒径、单位体积内晶界面积等参数的定量实验测估所用体视学基本原理与实际测量方法。

《二》

实 验 原 理

材料的性能取决于它的显微组织，定量分析和描述材料的显微组织是预测材料的性质和获得高质量产品的重要保障。为了比较精确地了解组织与性能之间的关系，找出其规律性，就必须应用某些可以测量或计算的参数来确切地表征组织特点，寻找它们与机械性能之间的定量关系，因此材料学科的科学研究对金属组织非常重视。随着材料科学的发展，对材料中某些组织及相含量的要求越来越严格，因此仅对显微组织形态做定性分析已经远远不能满足要求，这就促进了定量金相技术的发展。近年来，由于计算机图像技术的快速发展，专用自动图像分析仪的出现，更进一步促进了定量金相研究发展。

体视学（Stereology）是建立从高维（三维）组织的截面（二维）所获得的低维测量与定量表征该组织本身三维空间组织参数之间关系的数学方法并加以应用的一门交叉性科学。三维结构的二维截面或投影图像丢失了三维结构的许多信息，但仍有大量三维信息隐含其中。体视学分析可以获得二维图像所对应的三维组织结构极为宝贵的、用其他方法无法获得的系统性的三维空间定量描述信息，从而使二维图像分析的原始数据得到更充分的利用。由于采用统计分析，故测量的部位应有代表性，且测量的数量应足够多，才能有较高的准确度。

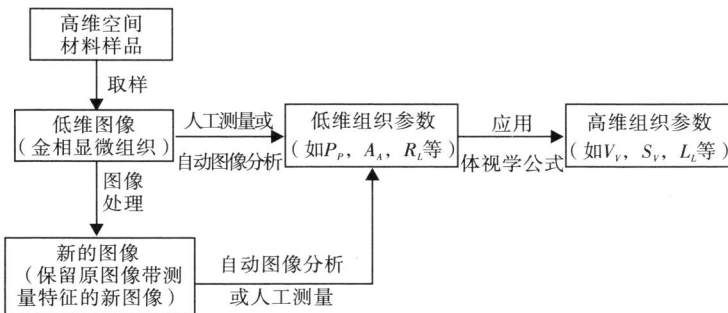

图 2 - 29　图像分析技术与体视学有机结合获得足够准确的有关三维显微组织几何形态定量信息的工作流程示意图

图片来源：刘国权，宋晓艳，等．一类新的体视学用三维晶粒组织仿真模型［J］．中国体视学与图像分析，1998，3（3）：2 - 6。

（一）术语

P = 点，L = 线，A = 面积，S = 表面，V = 体积，N = 数量。

上述这些符号可以组合产生不同的物理参数，如 P_P 表示点分数，即所使用格子中落在测量区域的节点的比例；A 表示平面；S 表示曲面；S_V 表示单位体积中晶界面积；N_A 表示单位面积中颗粒的数目；N_V 表示单位体积中颗粒的数目。

（二）基本公式

历史上首个体视学关系式是德莱塞（A. Delesse）于 1847 年导出的公式，即

$$V_V = A_A \qquad (2.1)$$

该式译为现代语言即为"随机截面上某相的面积分数 A_A 是该相在三维组织中体积分数 V_V 的无偏估计"，即待测相在三维中所占体积百分数等于在观察样品二维平面中它所占的面积百分数，至今仍是应用最广泛的体视学公式之一。但在二维平面中统计出第二相的面积较为烦琐，尤其当第二相尺寸较小时。1898年，Rosiwal 提出了截线法，即在二维平面中，第二相中观察线段所占总线段的百分比等于其三维中的体积分数，即 $L_L = V_V$。1930 年，研究者发现使用格子节点来统计第二相体积分数时，落在第二相颗粒中点数占总点数的百分比等于第二相三维中的体积分数（$P_P = V_V$），即

$$P_P = L_L = A_A = V_V \qquad (2.2)$$

式中，P_P 为待测相交点百分数；L_L 为待测相截线百分数；A_A

为待测相面积百分数；V_V 为三维中待测相体积占总体积的百分数。在实际检测分析中，该体积分数可以通过分离出该待测相来测得，例如使用电解法可以分离出钢中碳化物。

在点、线和面三种定量分析中，采用统计点数百分比则为省时省力的方法，人工计点法已被列入 ASTM E562（ISO 9042）中。其实在计算机金相图像定量分析中使用软件对金相组织中第二相面积进行统计时，软件分析中使用第二相中的像素数除以总像素数，其本质也是采用计点法（待测第二相相交点百分数）。

（三）定量分析的基本方法

1. 比较法

将所测相和标准图谱进行比较定出一个定量级别，如晶粒度、夹杂物、碳化物及偏析的级别测定。此法只能得到关于材料组织或缺陷的一个较为笼统的概念，且评级主观性强，准确性较差，但快速简便。

2. 计点法

采用网格节点测量物相，即根据点的参量而获得其体积含量的方法。

3. 截线法

此法常用有一定长度的刻度尺来测量单位长度测试线上的点数 P_L，单位长度测试线上的物体个数 N_L 以及单位长度测试线上第二相所占线长 L_L。

4. 截面法

用带刻度的网格来测量单位面积上的交点数目 P_A 或单位测量面积上的物体个数 N_A，也可以测量单位测试面积上被测相所

占的面积百分比 A_A。

5. 显微镜目镜刻度测定法

采用带有刻度的显微镜目镜,直接在显微镜中测量物相,即根据线段参量而获得其体积含量的方法。

(四) 定量分析在材料显微组织分析测量中的应用

1. 人工计点法测第二相的体积分数

可以采用三种不同的测量方法来测量组织中的第二相所占百分数。ASTM E562 介绍了计点法统计第二相数量的方法。通过人工计点来统计第二相时,最佳的计点密度为 $3/V_V$,即如果第二相体积分数为 0.5,则最佳节点密度应设为 6。为了得到较为准确的统计结果,金相工作者通常需要统计更多的样品,尽量减少在每个样品上的计点数,而不是在单个样品上使用较多格子节点数而减少统计的样品数目。即样品中不同视野数目比单个统计节点数目对统计结果的准确度影响更大。

本实验采用球墨铸铁样品或其金相照片,以及经典体视学公式,即

$$V_V = P_P \qquad (2.3)$$

式中,V_V 为第二相的体积分数,P_P 是用规则阵点以计点法测量时落在测量对象上的点数除以测试用总点数。实际测量时首先应确定可承受的最终测量结果的最大相对误差。本实验中建议测量结果的相对标准误差 ≤5% 。相应的测量结果 V_V 的相对标准误差 [亦即变异系数 $\sigma(V_V)/V_V$] 可用下式估算。

$$\left[\frac{\sigma(V_V)}{V_V} \right]^2 = \left[\frac{\sigma(P_P)}{P_P} \right]^2 = 1/P_\alpha \qquad (2.4)$$

式中，P_α是落在测量对象上的点数，$\sigma(P_P)$ 为 n 次 P_P 测量平均值的标准误差（等于 n 次测量值的标准差/$n^{-1/2}$）。使用该式估算测量结果的相对标准误差时，要求落在每一个测量对象断面上的测试用点不多于 1 个（可通过选择适当的阵点网络和适当的放大倍数来满足此要求）。取满足预定相对标准误差的测量结果为最终结果。建议采用如下形式报告测量结果：

在 95% 的置信水平下，石墨相的体积分数为：

$$V_V = P_P \pm C\sigma(P_P) \qquad (2.5)$$

当网格与显微组织图像随机叠加测量的次数 $(n-1) \geqslant 40$ 时，式中 C 值建议近似取 2，当 $n-1$ 仅为 9 时，C 值建议近似取 2.3。

2. 人工计点法测量离散分布第二相平均截线长度和单位体积内相界面积

本实验以球墨铸铁样品或其金相照片为例，其中石墨相在基体中应呈现随机均匀分布、形状基本上各向同性，采用体视学公式。

单位体积内截面面积：

$$S_V = 2P_L \qquad (2.6)$$

第二相平均截线长度：

$$L_3 = 4V_V/S_V = 2P_P/P_L \qquad (2.7)$$

式中，P_L是随机测试线穿过被测量的曲面所得的交点密度（此处即随机测试面上每单位测量线长度与石墨和基体的相界面形成的交点数），其量纲为 L^{-1}（如 mm^{-1}）。L_3 为粒子在三维空间的平均截线长度。对于离散分布于基体相中（即粒子间互不接触）的第二相粒子的相界面积 S_V 的测定，根据经验，测量结果的相对标准误差（即变异系数）可用下式估算：

$$\left[\frac{\sigma(S_V)}{S_V}\right]^2 = \left[\frac{\sigma(P_L)}{P_L}\right]^2 = 2/P \qquad (2.8)$$

式中，P 为测量时测试线与晶界线相交的总点数。使用该误差估计公式时，要求粒子离散随机分布，所用测试线远长于粒子间距。取满足预定最大相对标准误差（例如 $\leqslant 5\%$）的测量结果为 S_V 的最终测量结果。建议采用如下形式报告最后测量结果：

在 95% 的置信水平下，单位体积内石墨表面面积：

$$S_V = 2P_L \pm 2C\sigma(P_L) \qquad (2.9)$$

式中，系数 C 的取值及测量平均值的标准差计算方法见前文。

由于石墨平均截线长度 L_3 的测量同时涉及 V_V 和 S_V 两个参量，可采用规则阵点网格用联合测量法一次性测得 V_V、S_V 和 L_3 三个参量（如图 $2-30$ 所示）。按照误差传递原理，L_3 的相对标准误差必大于 V_V 或 S_V 单个测量值的相对标准误差（本实验可不计算该误差）。每次用网格进行联合测量时可均依公式 2.10。

$$L_3 = 2P_P/P_L \qquad (2.10)$$

计算单个 L_3，仍可仿照前例计算。

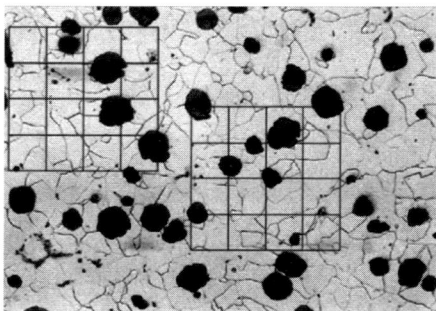

图 $2-30$　采用规则阵点网格和联合测量法同时测量球墨铸铁显微组织中 V_V、S_V 和 L_3 三个参量

这里的规则阵点网格有 25 个测试点，假定在这张金相照片所用的放大倍数下，网格的外围边长为 25μm。当网格与图 2-30 左上位置重叠时，用规则阵点计点法得 $P_P = 4/25$，网格外围测试线（总长度为 $25 \times 4 = 100$μm）与石墨表面形成的交点数密度为 $P_L = 10/100$μm^{-1}。当叠加于右侧位置时，$P_P = 4/25$，$P_L = 6/100$μm^{-1}。若使用带网格目镜的显微镜进行测量，则需通过移动载物台使显微组织图像与测试网格图像重复随机叠加并计数 P_P 和 P_L。当测量足够次数后，依据本节中给出的体视学公式和误差分析方法，由所得 P_P 的平均值和 P_L 的平均值，进而计算体积分数 V_V、界面密度 S_V 和平均截线长度 L_3，以及各测量结果的误差和置信区间等。

3. 定量金相分析晶粒直径

细化晶粒是提高金属力学性能的重要途径之一，晶粒度是表征材料中晶粒大小的参数。它与材料的韧性、强度等性能有密切关系，定量统计组织中晶粒大小是定量金相中最常测量的量。

ASTM 晶粒度 G 定义为：

$$n = 2^{G-1} \qquad (2.11)$$

式中，n 表示在 100× 放大倍数下每平方英寸中晶粒的数目。晶粒大小可以通过测面积法（Zay Jeffries，1916）或截线法（Emil Heyn，1904）来获得。

测面积法中通常采用已知面积的圆叠加到显微组织金相图上，然后统计圆中晶粒个数，其中圆界面上的晶粒按半个统计，统计得到总晶粒数目 N_A。N_A 可以通过计算与 G 关联起来。

在截线法中，使用直线、曲线或圆叠加在金相图上，统计截取的晶粒数目（N）或晶界数目（P）。然后将 P 或 N 除所使用线段的总长度（L_T）得到单位长度的晶粒个数或晶界数目。则平均截线长度 L 为：

$$L = L_T/N \qquad (2.12)$$

L 可以与晶粒度 G 进行转换。相比测面积法，截线法效率更高。

（五）误差分析

在测量过程中，由于仪器、方法、操作人员等因素的影响，测量值不能完全等于真值，真值是无限多次测量的平均值，而我们平时所做的有限次测量的平均值是随着测量次数的增加逐渐接近真值的近似值。一般来说，如果观察的系统误差小，称为观测的准确度高。使用精确的仪器可以提高观测的准确度。如果测量的随机误差小，称为测量的精确度高，增加测量次数可以提高测量的精确度。

对于显微组织的定量分析，每次测量的结果都不会完全一致，测量值与真值之间总是存在误差，通常要进行误差分析。在误差分析中，最常用的是标准差。标准差用 σ 表示，定义如下：

$$\sigma = \sqrt{\dfrac{\sum_{i=1}^{n} (x_i - \bar{x})^2}{n - 1}} \qquad (2.13)$$

式中，x_i 为第 i 次的测量值，$\bar{x}$ 为测量值的算术平均值，n 为测量次数。

测量误差的计算步骤为：①记录 n 次测试的数据；②计算出测量值的平均值，以及测量值的标准差；③计算出误差。

$$\delta = \dfrac{\sigma}{\sqrt{n}} \qquad (2.14)$$

由上式可知，测量误差与测量次数有关，即测量次数越多，测量误差越小，测量数值精确度越高。由于测量数值都不是精确值，必须给出所测数据的精确度。根据测量要求精确度可以确定所需测量次数。

处理，得到各种定量分析数据，这种方法快速、方便、准确，但设备昂贵、不智能，并且该方法对样品处理及图片质量要求较高。

实验内容

（1）纯铁晶粒平均截线长度和单位体积内晶界面积的测量（人工计点法）。

（2）球墨铸铁显微组织中给定相的体积分数、粒子的平均截线长度测量。

实验样品、 仪器与用品

1. 待测样品

（1）磨抛浸蚀好的退火纯铁金相样品 1 个。

（2）磨制抛光但未浸蚀的球墨铸铁金相样品 1 个。

2. 实验仪器与用品

（1）带合适尺寸的测试网格（如图 2 - 31 所示）的透明薄

膜（与打印照片配合使用）。

（2）金相显微镜用测微尺。

（3）采用待测样品拍照并洗印或打印的显微组织照片一套。

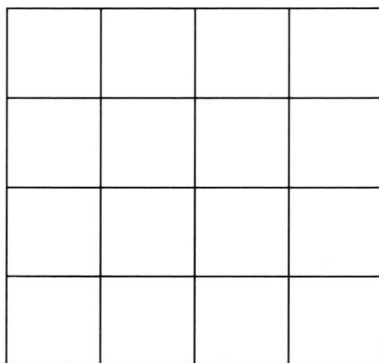

图 2 - 31　实验测试用网格示意图

　　注：网格交点（$5 \times 5 = 25$ 个）为规则点阵测试用点，网格边框或其任一条直线可用作测试线，边框围成的面积则用作测试用面积。

实验七

晶体结晶过程与金属铸锭组织的观察

（一）

实 验 目 的

（1）观察盐类树枝晶的结晶形成过程，建立金属晶体以树枝晶方式长大的直观概念。

（2）解剖分析观察金属铸锭的宏观与微观组织形貌，加深对金属铸锭结晶后凝固组织的认识。

（二）

实 验 原 理

在凝固过程中，金属和合金的晶粒大小、形状和分布与冷却条件、合金成分及其加工过程密切相关。现实生产中，铸锭凝固时不同区域的冷却条件不一样，这导致不同区域的冷却速度不一样。所以，铸锭凝固之后的组织通常是不均匀的，由组织和性能之间的关系可知，铸锭凝固之后不同区域的性能也是有差异的。

结晶是指物质从液态凝固形成晶体的过程。盐类和金属的结晶以及金属在固态下的重结晶都遵循形核和长大的规律。临界晶核通常都非常小，用肉眼观察不了，但用显微镜可以看到长大过程中的晶粒。金属和盐类结晶时，最常形成的晶体类型是树枝晶。要了解树枝晶的形成过程可以通过直接观察透明盐类的结晶过程来实现。

金属的结晶，是形核和长大的过程，铸锭结晶后的组织，其晶粒大小取决于形核率和长大速度，也就是取决于过冷度的大小和非自发形核的作用。而晶粒的形状还与结晶过程中的散热条件有关。

柱状晶与粗大等轴晶区的发展程度与下列因素有关：

（1）冷却速度。冷却速度越大，则表面与中心的温差越大，柱状晶越能向内发展，中心等轴晶区也就越小，这可以通过改变铸模的温度，使铸锭的组织发生变化。如选用导热良好的铜模比之用导热稍差的钢模、选用水冷的金属模比之用空气冷却的金属模、选用壁厚的金属模比之用同一材料做成的壁薄的金属模，柱状晶的发展均较显著。

（2）浇铸条件。提高浇铸时的液体温度以及浇铸速度，则柱状晶区发展显著。因为在这样的浇铸条件下，注入锭模内的液体温度高，内外温度梯度大，促使柱状晶长大，柱状晶向内长大时，如要内部液体结晶，则其温度必须降低到熔点以下，才能产生等轴晶晶核，故要放出较多的热量，即需要更长的时间，这样柱状晶就有充分的时间向内生长而不受阻。此外，由于内部液体温度高，即过热大，非自发的形核机会也就减少，这也是促使柱状晶发展的一个原因。

（3）凝固条件。

（4）外来杂质的影响。

（三）

实验内容

1. 盐类结晶过程观察

将接近饱和的氯化铵溶液滴在玻璃片上，在显微镜下观察氯化铵溶液的结晶过程。随着时间的延长，液体会蒸发，氯化铵溶液的浓度升高直至达到饱和。氯化铵溶液的边缘处最薄，此处蒸发最快。因此边缘处也是浓度升高最快的地方，这里将成为结晶最开始的地方，然后向内扩展。

结晶包括以下三个阶段：

第一阶段，表层散热快、过冷度大、形核率高，在表层形成细小的等轴晶粒。

第二阶段，这时散热蒸发变慢，垂直于表层方向的散热条件最好，表层晶粒中处于有利位向的少数晶粒向着液滴中心的方向生长，形成了粗大的柱状晶。

第三阶段，处于液滴中心的氯化铵溶液变薄，蒸发较快，各个方向的散热条件差不多，所以在液滴中心形成了位向随机的等轴晶。这些晶粒向各个方向生长，不同晶粒相互接触后会形成封闭区域，这时没有液体补给，所以形成了树枝晶组织。

2. 纯铁铸锭的宏观组织观察

铸件的宏观结晶组织是指铸态晶粒的形态、大小、取向和分布等情况，其对铸件的各项性能特别是力学性能产生强烈的影响。当将熔融的液态纯铁倒入铸模后，结晶从靠近模壁处开始。因为此处靠近模壁，所以散热速度快，冷却速度也快，过冷度非常大，形核率高，这些细小的晶核在长大过程中很快相互接触。所以铸锭外层形成了排列无规则的细小等轴晶粒，这个区域称为表层细晶区。

表层细晶区形成后，模壁温度升高。这时垂直于模壁方向散热最快，处于这个位向的晶粒向液体伸展而生长，形成了垂直于模壁方向的粗大柱状晶粒，这些晶粒相互平行，这个晶区称为柱状晶区。

随着模壁温度继续上升，散热速度逐渐降低，柱状晶长大速度也逐渐减慢，这时液体的中心区域温度也逐渐降低并趋于均匀，最后这部分液体的整个体积内，将同时出现许多小晶核，这些晶核向各个方向长大，于是铸锭内部形成许多位向不同、紊乱排列的粗大的等轴晶粒。因为该区域过冷度小，形核率低且散热无方向性，故形成粗大等轴晶区。

事实上，并不是所有的铸件都具有这三个晶区。铸件宏观组织中的晶区数目以及柱状晶区和等轴晶区的相对宽度随合金性质与具体凝固条件而变化。

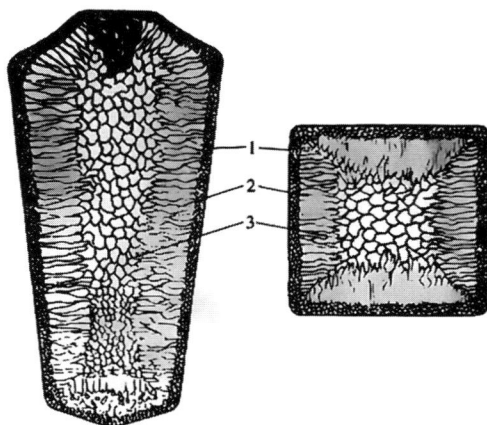

1—表面细晶等轴晶区；2—柱状晶区；3—心部粗等轴晶区。

图 2 - 32　铸锭的三个晶区示意图

《四》

实验仪器及材料

（1）金相显微镜。

（2）饱和氯化铵溶液、硝酸银溶液、硝酸铅溶液。

（3）铝锭、铅锡合金铸锭及带有缩孔的铸铁等。

《五》

实验过程

（1）分组，用金相显微镜分别观察氯化铵饱和溶液、硝酸银溶液（或硝酸铅溶液）的结晶过程，并在记录纸上画出结晶过程示意图。

（2）用低倍金相显微镜观察铸件宏观组织。

（3）用低倍放大镜观察铅锡合金铸锭表面的树枝晶形态。

（4）观察纯铁、纯铝铸锭横纵剖面的三个晶区。

《六》

实验报告要求

（1）填写实验目的。

（2）描述实验过程。

（3）画出结晶过程示意图。

实验八

固溶强化理论验证实验

《一》

实 验 目 的

（1）加强对金属材料固溶强化机理的理解。

（2）加强对模铸成型工艺的认识。

《二》

实 验 原 理

固溶强化（Solid Solution Strengthening）是一种利用溶质原子形成固溶体来提高整体强度的方法。根据溶质原子在溶剂点阵中所处的位置，可将固溶体分为置换固溶体和间隙固溶体两类。当溶质原子取代或者置换了溶剂原子的位置，称为置换固溶体。当溶质原子分布于溶剂晶格间隙而形成固溶体，称为间隙固溶体。合金元素固溶于基体金属中造成一定程度的晶格畸变，从而使合金强度提高的现象称为固溶强化。固溶强化的程度主要取决于它们之间的晶体结构、原子尺寸、化学亲和力和原子价因素。如果固溶强化时溶入适当浓度的溶质原子，可以提高材料的强度和硬度，但是材料的韧性和塑性有所下降。溶质原子和溶剂原子的半径差别越大，溶剂原子的晶体结构产生的畸变就越大，对位错的阻碍就越大，滑移就越难进行。

固溶强化的影响因素包括以下几个方面：

（1）溶质原子的比例越高，固溶强化作用越大，在溶质原子比例很低时越明显。

（2）溶质原子和溶剂原子的尺寸差别越大，固溶强化的效果也越明显。

（3）间隙固溶体比置换固溶体的固溶强化效果更显著，具有体心立方晶体的溶剂原子比具有面心立方晶体的溶剂原子形成的间隙固溶体产生的固溶强化效果更显著，这是因为间隙型溶质原子溶入前者引起的点阵畸变是非对称性的。但间隙固溶体都是有限固溶体，溶质浓度有限，所以间隙固溶体的固溶强化效果也很有限。

（4）溶质原子与溶剂原子的价电子数目相差越大，固溶强化效果越显著，即固溶体的屈服强度随着价电子浓度的增加而提高。

实验过程

（1）实验设备：硬度计、磨抛实验机。

（2）实验材料：纯 Sn、纯 Pb、50% Pb – 50% Sn 合金，熟石膏。

《四》

实 验 步 骤

（1）使用熟石膏制作模具。

（2）将纯 Pb、纯 Sn、50% Pb – 50% Sn 合金粉末放入容器中。

（3）将容器放入电阻炉中，并加热到指定温度。

（4）将熔化的 Pb – Sn 合金浇铸到制作好的模具中。

（5）测试凝固后金属的硬度指标。

实验九

单向静拉伸实验

一

实验目的

（1）掌握材料拉伸力学性能的测定方法。
（2）掌握万能材料试验机的工作原理和使用方法。
（3）学会绘制和分析拉伸应力－应变曲线。

二

实验原理

单向静拉伸实验是指对材料施加轴向拉伸载荷时测定材料性能的实验方法，是工业上应用最广泛的金属力学性能试验方法之一。这种实验方法的特点是温度（一般为室温）、应力状态（单向拉伸）和加载速率（$1 \sim 10$MPa·s^{-1}）是被 GB/T 228.1—2010 严格确定的。通过拉伸实验可以提供有关测试材料弹性、塑性和断裂的相关信息，以及物体受到压力或拉力时产生的应力与应变之间的关系。这种测试可以对多种材料进行分析，分析材料受力时的变形行为。拉伸实验的主要目的是评估相关参数（比如杨氏弹性模量）或研究剪切应力如何影响材料性能。拉伸实验可以帮助研究人员创建模型并研发更好的材料。拉伸力－伸长曲线是拉伸实验中记录的力对伸长的关系曲线，图 2－33 为低碳钢的拉伸力－伸长曲线。通过拉伸试样的工程应力－应变曲线（如图 2－34 所示）可以得到强度和塑性指标。强度指标包括弹性模量 E、屈服强度（上屈服点 R_{eH} 和下屈服点 R_{eL}）、规定微量塑性伸长应力指标 R_p、规定残余延伸强度 R_r、规定总延伸强度 R_t、抗拉强度 R_m。塑性指标包括断后伸长率 A、最大力下总延伸率 A_{gt}、最大力下的非比例伸长率 A_g、断面收缩率 Z，从而得到自开始加载到样品破坏的全过程应力－应变曲线。这条曲线的形状代表材料的力学行为，不同材料的应力－应变曲线各不相同（如图 2－34 所示），甚至有很大差异。

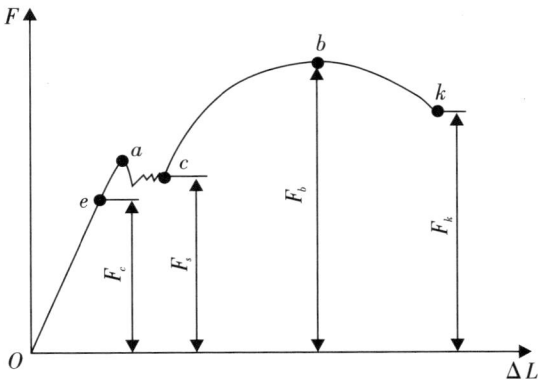

图 2－33 低碳钢的拉伸力－伸长曲线

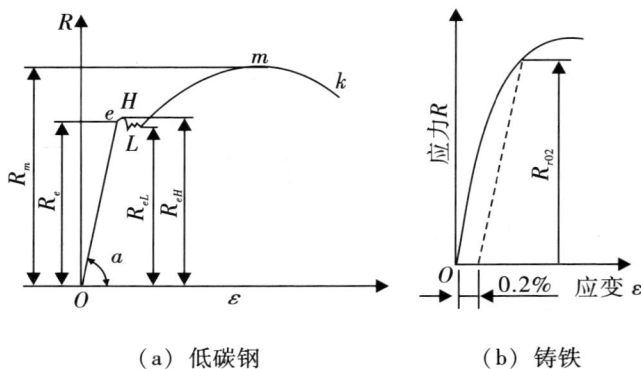

（a）低碳钢 （b）铸铁

图 2 – 34　低碳钢和铸铁的应力 – 应变曲线

实验设备、 材料及制样

（一） 实验设备、材料

实验设备包括 MTS E45.305 万能材料试验机（配备两个量程的载荷传感器：5kN 和 300kN）；引伸计、游标卡尺、记号笔；工业纯铁（纯度为 99.9% 的退火态工业纯铁拉伸棒）、铸铁和亚共析钢试棒。

（二） 拉伸样品的制备

金属材料的拉伸样品的制备应依照 GB/T 228.1—2010 的规定执行，本实验将以圆形棒为例进行介绍。图 2 – 35 为圆形拉伸试棒的加工样品图。

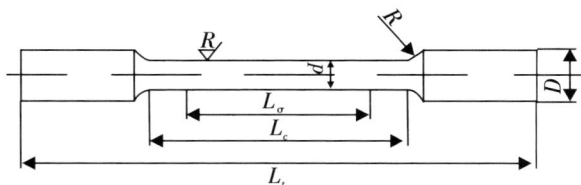

d—平行长度的原始直径；L_σ—原始标距；L_c—平行长度；L_t—样品总长度；D—夹持段直径；R—平行段到夹持段过渡圆弧的半径。

图 2 - 35　圆形拉伸试棒加工样品图

一般地，样品进行机加工时，以过渡弧连接样品的平行段和夹持头部，为了适用于夹具的夹持，样品头部应该有合适的形状。从夹持段到平行段之间的过渡弧的最小半径应不小于 $0.75d_o$。通常经机加工的横截面为圆形的样品其平行长度的直径一般不应小于 3mm。平行段长度 L_c 应至少等于 $L_o + d_o/2$。使用比例试样时，原始标距 L_o 与原始横截面积 S_o 有以下关系：

$$L_o = k\sqrt{S_o}$$

式中，比例系数 k 通常取值 5.65，也可以取值 11.3。d_o 应优先采用 20mm、10mm 和 5mm 三种尺寸。

当采用非比例试样时，其原始标距 L_o 与原始横截面积 S_o 无关。

《四》

实验步骤

（1）在样品平行长度中心区域的 6 个不同位置测量圆形试棒的直径，并计算原始横截面积 S_o。在试样中间平行部分做标线，标明标距 L_o，此标线对测试结果不应有影响。

（2）开机：先打开计算机，之后打开拉伸机（E45.305 电子万能材料试验机）电源，至少 1 分钟之后打开 MTS TW Express 应用程序。

（3）进入实验软件，选择合适的实验方法。

（4）使用软件或手持器移动横梁，使横梁移动到合适的位置。

（5）安装样品：先打开上夹具，在拉伸样品上部分夹持段大约 3/4 长度的地方夹紧样品。在软件控制面板上将"力"清零。然后打开下夹具，通过软件或手持器移动横梁位置，在拉伸样品下部分夹持段大约 3/4 长度的地方夹紧样品。

（6）安装引伸计：将引伸计连接到引伸计电缆，之后将引伸计连接到样品上，然后将引伸计仪表和位移清零。

（7）运行实验：点击软件上的运行按钮，出现提示时输入直径、应变速率等参数。到达引伸计切换点时移除引伸计，单击绿色箭头（运行）按钮继续实验直至实验结束。若样品还没拉断但实验已完成，此时可以通过软件或手持器继续移动横梁直至将样品拉断。

（8）保存实验并生成报告。若有需要则保存实验，生成选定的实验报告。

（9）卸除样品。如果样品被拉断，使用手持器移动横梁，为卸除样品留出空间，先从下夹具中卸除样品，再从上夹具中卸除样品。如果样品没被拉断，先打开上夹具，使用手持器移动横梁，再从下夹具中卸除样品。

（10）将横梁返回至起始位置，准备好主机进行下一个实验。

注意事项

在操作万能材料试验机时，务必遵守操作规程，精力集中，认真负责。

（1）开机顺序为计算机—万能材料试验机—软件，打开万能材料试验机至少一分钟之后再打开软件。

（2）实验过程中，到达引伸计切换点时要移除引伸计。

（3）实验结束后，要先关闭软件再关闭试验机，最后关闭计算机。

（4）操作人员严禁将身体部位放置在挤压区域。

（5）限位块的设置。

（6）引伸计一定要卡紧，如果引伸计不卡紧，则会打滑，传感器检测不到真实的拉伸强度，测的弹性模量不准确，且有可能会损坏引伸计。

《六》

实验报告要求

实验报告应至少包括以下信息：

（1）实验所采用的国家标准编号。

（2）实验条件信息。

（3）样品标识和类型。

（4）实验结果。

《七》

思考题

（1）真实应力－应变曲线更能真实地代表材料在拉伸过程中的力学性能，但在工程应用中普遍采用工程应力－应变曲线，请列出原因。

（2）如果在测试过程中，引伸计未卡紧，与样品表面发生打滑，试分析将会产生的测量问题。

（3）为何拉伸夹持头部与平行段工作距离要用圆弧过渡？

（4）简要概括拉伸实验反映了材料的哪些力学性能。

实验十

蠕变实验

（一）

实 验 目 的

（1）观察金属材料蠕变过程，掌握绘制金属蠕变曲线的实验方法。

（2）深入理解蠕变的机制原理。

（二）

实 验 原 理

金属材料在长时间的恒温和恒应力作用下，发生缓慢塑性变形现象称为蠕变。蠕变实验是测定蠕变时金属材料机械性能的实验。在蠕变实验中，形变与时间的关系用蠕变曲线来表示（见图 2 – 36）。

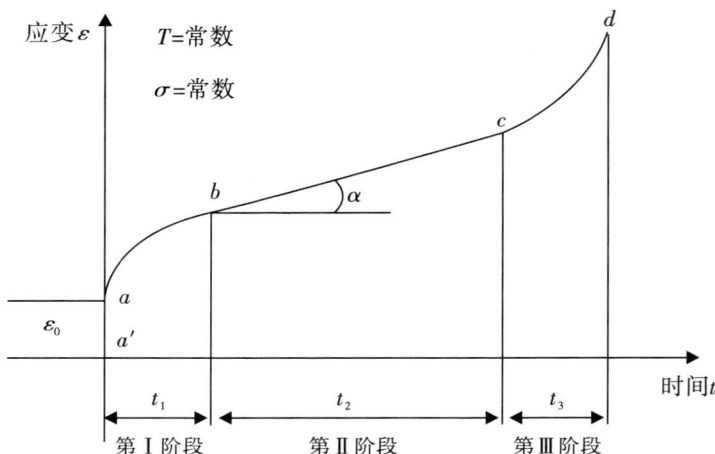

图 2 - 36　典型的金属蠕变曲线

（一）蠕变实验

温度越高或应力越大，蠕变现象越显著。蠕变可在单一应力（拉力、压力或扭力）下发生，也可在复合应力下发生。通常的蠕变实验是在单向拉伸条件下进行的。材料蠕变过程可用蠕变曲线来描述，典型的蠕变曲线如图 2 - 36 所示。

（1）瞬态或减速蠕变阶段。ε_0 为外载荷引起的初始应变，从 a 点开始产生蠕变，且一开始蠕变速率很大，随着时间的延长，蠕变速率逐渐减小，是一加工硬化过程。

（2）稳态蠕变阶段。这一阶段的特点是蠕变速率保持不变，因而也称为恒速蠕变阶段。一般所指蠕变速率即这一阶段的蠕变速率。

（3）加速蠕变阶段。在蠕变过程后期，蠕变速率不断增大直至断裂。

蠕变过程最重要的参数是稳态蠕变速率，因为蠕变寿命和总的伸长均取决于它。实验表明，蠕变速率与应力有指数关系，并考虑到蠕变同回复再结晶等过程一样也是热激活过程，因此，可用下列一般关系式表示：

$$\varepsilon = C\sigma^n \exp\left(-\frac{Q}{RT}\right)$$

显然，固定 σ，分别测定 ε 与 $1/T$，可从 $\ln \varepsilon$ 与 $1/T$ 关系中求得蠕变激活能 Q。对大多数金属和陶瓷，当 $T = 0.5T_m$（T_m 为热力学温度，单位为 K）时，蠕变激活能与原子扩散的激活能十分相似，这说明蠕变现象可看作在应力作用下原子流的扩散，扩散过程起着决定作用。

蠕变机制有两种，一种是扩散机制，另一种是滑移机制。由晶内滑移或者由位错促进滑移引起的蠕变称为滑移蠕变，也称魏特曼蠕变。在低温下蠕变也会发生，但只有温度升高到一定数值才能有明显的蠕变。材料发生明显蠕变的温度称为蠕变温度。金属材料发生蠕变的温度一般约等于熔点的 0.3 倍，即 $0.3T_m$；对于碳素钢一般在 300℃ ～ 350℃ 发生蠕变，对于合金钢一般在 400℃ ～450℃时才会发生蠕变；但是对于铅、锡等一些低熔点金属，蠕变温度很低，蠕变甚至发生在室温下。

（二）应力松弛实验

当金属构件总变形量一定时，因为弹性形变不断转变为塑性形变，从而使金属构件的应力不断减小，这个过程称为应力松弛。在弹簧、螺栓等零件中经常可见到应力松弛的发生，这种现象在高温下更加明显。所以，一般在高温下进行应力松弛实验。

图2-37中金属的应力松弛曲线第一阶段所用的时间较短，在这个阶段应力随着时间的延长急剧下降。第二阶段所用的时间较长，在这个阶段应力随着时间的延长变化不大，趋于恒定。一般以规定时间后的剩余应力作为金属应力松弛抗力的判据。

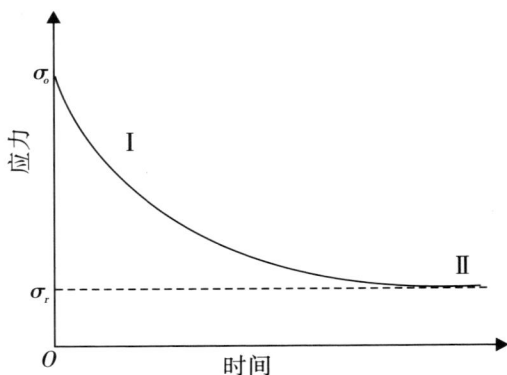

图 2 - 37   金属典型应力松弛曲线

应力松弛实验在实际应用中具有重要的意义。在高温下长期使用的拴接件如果要保持足够的紧固力，需要对它施加一个初始应力，这个初始应力的大小通过应力松弛实验可以确定。应力松弛实验还可以预测密封垫密封度的减小、弹簧弹力的降低，预计混凝土中钢筋的稳定性，以及判明锻件、铸件和焊接件消除残余应力所需的热处理条件。当金属材料被用作紧固件时，为了较全面地了解其性能，常对其进行不同温度和不同初始应力下的应力松弛实验。在进行应力松弛实验时，实验条件会显著地影响实验结果。若想获得良好的实验结果，使总形变量保持恒定，并且保证实验温度稳定，是至关重要的。

（三）

实验材料

60% Sn – 40% Pb 金属丝，该合金的熔点为 183°C，所用砝码的重量分别为 500g 和 1 000g，测试温度为室温 33°C。

（四）

实验过程

将砝码下悬于金属丝下方，在金属丝上相隔一定距离做好标记，每隔固定时间测量标记之间的距离，并画出特定载荷下的应变 – 时间曲线。1 000g 砝码悬挂下，Sn – Pb 金属丝的蠕变曲线如图 2 – 38 所示。金属丝初始长度为 48mm，110 分钟后其长度增加到 66mm。

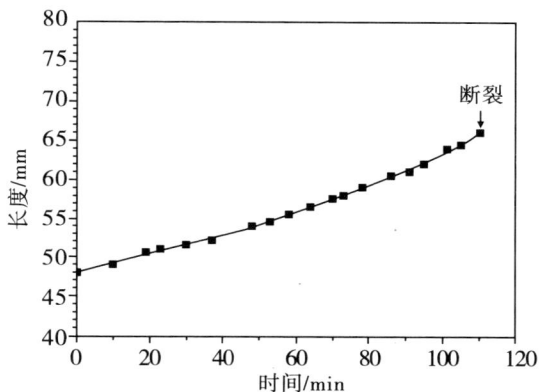

图 2 – 38　1 000g 砝码载荷下，Sn – Pb 金属丝的蠕变曲线

《五》

思考题

讨论加载载荷对蠕变速率的影响。

实验十一

金属冲击弯曲实验

《一》

实验目的

（1）掌握常温及低温下测量金属材料在冲击实验中吸收能量的夏比摆锤冲击实验方法。

（2）学会用断口分析方法判断金属韧脆转化温度 T_t。

（3）了解冲击试验机的构造、使用和对冲击样品的要求。

《二》

实验原理

金属静拉伸实验的加载速率通常控制在 $1\sim10\mathrm{MPa\cdot s^{-1}}$ 较低范围内。但在实际工程中，许多机械零部件在服役时往往遭受到冲击载荷的作用，如飞机起飞和降落过程中起落架承受的冲击载荷、金属压力加工中锻锤对金属件的锻压等。进行相应的冲击力学性能实验可以测试金属材料传递冲击载荷的能力，揭示其在冲击载荷作用下的力学行为。

冲击载荷与静载荷的主要区别在于加载速率不同。由于加载速率与形变速率具有一致的变化趋势，因此也可用形变速率来间接代替加载速率。在进行静拉伸实验时，采用的应变速率为 $10^{-5} \sim 10^{-2} \mathrm{s}^{-1}$，但在进行冲击实验时，采用的应变速率为 $10^{2} \sim 10^{4} \mathrm{s}^{-1}$。实践表明，当对金属材料采用 $10^{-4} \sim 10^{-2} \mathrm{s}^{-1}$ 的应变速率时，其机械性能没有发生明显的变化，可将施加在金属材料上的载荷当作静载荷处理。但当金属材料采用高于 $10^{-2} \mathrm{s}^{-1}$ 的应变速率时，其机械性能将发生明显的变化，这时就一定要考虑因为增大应变速率而引起力学性能发生的一连串新变化。如果提高应变速率会增大金属材料变脆的倾向，对金属材料进行冲击力学性能实验可以揭示其在应变速率很高时发生脆性断裂的趋势。

使用冲击载荷的实验方法有很多，例如拉伸冲击、弯曲冲击、扭转冲击等，但最后弯曲冲击得到了广泛的应用。这是因为弯曲冲击实验结构简单、操作方便，更重要的是，在弯曲冲击实验中，材料内部即使发生很小的变化也能表现出来。冲击实验中表现出来的材料特性在硬度实验、拉伸实验等准静态实验中不一定能够反映出来。为了获得缺口与加载速率对金属材料韧性的影响，需要对金属材料缺口样品进行弯曲冲击实验，来测试它的冲击韧性。冲击韧性是指材料在冲击载荷作用下吸收塑性变形功和断裂功的能力，通常用标准样品的冲击吸收能量 K 表示，用字母 V 或 U 表示缺口几何形状，用下标数字 2 或 8 表示摆锤刀刃半径，例如 KV_2。冲击实验有多种方法，亦有不同的尺寸、不同缺口和不同形状的样品。这导致它们的应力集中作用以及应力分布状态各不相同，对实验结果的影响差异较大，彼此之间不好进行比较或换算。金属材料的冲击实验是测定其在动载荷作用下的韧性的实验方法。通常所说的冲击实验指一次冲击实验，实验是在苛刻的受力状态下进行的：

（1）加载速度非常高，因而有冲击的特点。

（2）样品通常有缺口，缺口周围应力集中程度和硬度都很高，这会阻碍材料的塑性变形。

（3）进行冲击实验的温度可能会比较低，通常温度降低，材料硬度会升高，塑性会下降，变形抗力会增加。

夏比缺口样品冲击弯曲实验原理如图 2-39 所示，目前进行冲击实验普遍采用横梁式弯曲加载方法。材料种类不同，采用的样品形式也不同。一般脆性材料样品没有缺口，若是以黑色金属为主要成分的结构材料，其样品一般采用 V 形缺口，标准冲击样品如图 2-40 所示。V 形缺口样品的根部半径很小，在那里会产生强烈的应力集中，即使材料发生微小的变化也能反映出来，因此更适合检验结构钢的脆性行为。但是具有这种 V 形缺口的样品，其加工要求非常严格，因为缺口的尺寸即使只有微小的变化也会对实验结果产生影响。实验时，将样品固定在稳定支架上，用摆锤一次性将样品冲断。摆锤需要拥有足够的能量，才可以一次性把样品冲断。摆锤冲断样品后回升的高度与没有冲断样品回升的高度之间会有一个差值，通过这个差值可以计算出样品吸收的能量。

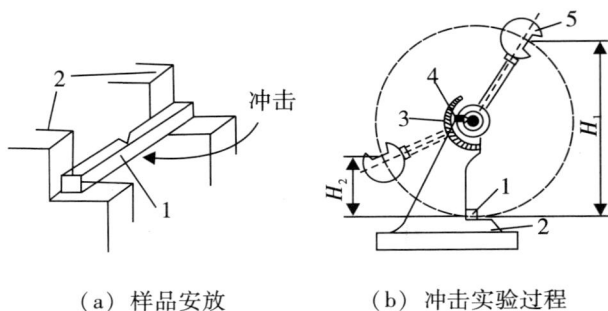

（a）样品安放　　　　　　　（b）冲击实验过程

1—试样；2—试验机支座；3—分度盘；4—指针；5—摆锤。

图 2 - 39　冲击实验原理

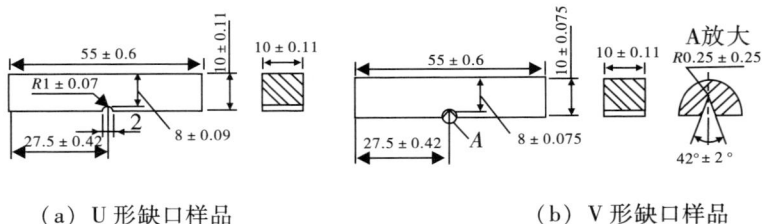

（a）U 形缺口样品　　　　　　　　　　（b）V 形缺口样品

图 2 - 40　标准冲击样品

低温脆性是指当材料所处温度低于某一温度 T_t 时，材料会从韧性状态转变为脆性状态，其冲击吸收功快速大量下降，如图 2 - 41 所示。具有体心立方晶格或者密排六方晶格的金属及其合金，尤其是经常用在工程上的中低强度结构钢（铁素体 - 珠光体钢）会出现低温脆性。通常用冲击实验来定量测量低温脆性的倾向。当温度降低时，材料的屈服点通常会升高，材料展现变脆的趋势。温度降低时，材料在由韧性断裂向脆性断裂转变过程中存在一个转变温度，称为韧 - 脆性转变温度（Ductile-to-Brittle

Transition Temperature）。韧 – 脆性转变温度的定义为："在一系列不同温度的冲击实验中，冲击吸收功急剧变化或断口韧性急剧转变的温度区域。"韧 – 脆性转变温度反映了温度对金属材料韧性或脆性的影响。其对在低温条件下工作的结构及零件，例如桥梁、舰船、压力容器等的安全性非常重要，从韧性角度考虑，它是选用金属材料非常重要的依据。钢铁材料在某些温度区间之所以会发生韧脆转变，是因为铁会发生同素异构转变。铁在某些温度会从一种晶体结构转变成另外一种晶体结构，使钢铁的机械性能（韧性和脆性）发生相应的变化。在脆性转变温度区域以上，金属材料处于韧性状态，断裂形式主要为韧性断裂；在脆性转变温度区域以下，材料处于脆性状态，断裂形式主要为脆性断裂（如解理断裂）。脆性转变温度越低，说明钢材的抵抗冷脆性能越高。早年的泰坦尼克号采用了含硫高的钢板，韧性很差，特别是在低温呈现脆性，这是导致其迅速沉没的症结（在 1995 年 2 月，R. Gannon 在美国《科学大众》杂志发表文章，他回答了这个困扰世人 80 多年的未解之谜）。

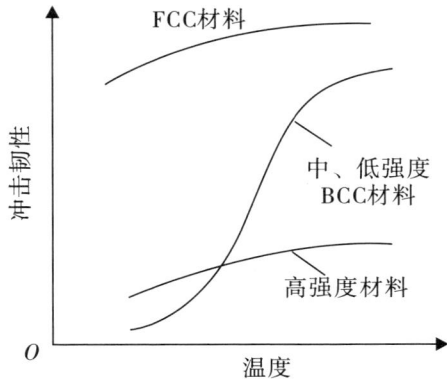

图 2 – 41　不同金属材料的韧脆转变一般趋势

《三》

实验过程

（一） 实验步骤

（1）用卡尺测量缺口样品的宽度、缺口处的厚度。测量三次，取其平均值。

（2）检查冲击试验机，确保各结构部件安全有效。

（3）预估所测金属材料样品的冲击吸收功的粗略范围，选择具有合适刻度盘的冲击试验机，应使待测样品的冲击吸收能量在刻度盘的 10% ~90% 范围内，并安装好相应的摆锤。

（4）不安装样品，升起摆锤，空打一次，以校正试验机的回零差或空载能耗。

（5）按"取摆"按钮，抬起并锁住摆锤；同时将指针拨至刻度盘的最大刻度处。

（6）检查支座间距离，与金属材料间距为 40 ±0.2mm。

（7）冷却样品：根据实验温度要求在低温恒温箱内放入样品，进行保温。调节温度时，要注意选好过冷度，以补偿样品取出到冲断时温度的回升。每种温度下的冲击样品不少于 3 个。

（8）将样品按规定放置在两支座上，样品支撑面紧贴在支撑块上，使冲击刀刃对准缺口样品的中心。应当注意，低温冲击中，样品取出到冲断的总时间不得超过 5s。若超过 5s，则应将样品放回低温恒温箱中重新冷却。这项实验操作既要迅速，又要沉着，特别要注意安全，防止忙乱中造成事故。所有参加实验人员应有明确分工（如负责样品冷却、做记录、操作冲击试验机等）。进行实验时，不得在摆锤运动平面范围内站立、走动。

（9）按下"冲击"按钮，摆锤落下，冲断待测样品。

（10）冲断样品后，按"制动"按钮，使摆锤制动。

（11）在刻度盘上读取并记录样品的冲击吸收功 AkU，然后将指针拨回。

（12）回收样品，用显微镜观察断口形貌，并测量断口中纤维区或结晶区的断口百分率。

（二）实验注意事项

（1）如果有规定的实验温度，那么应该在规定温度 ±2℃ 温度范围内进行测试。如果没有规定的温度，室温冲击实验应该在 23 ±5℃ 范围内进行。

（2）对于低温冲击实验，样品冷却至规定温度，允许温度偏差 ±2℃。由于样品从低温转移至冲击位置，温度会升高，所以低温保温时应附加一定的过冷度。

（3）样品吸收能量不应超过实际初始势能的 80%，如果超过此值，在实验报告中应标注为近似值，并且注明超过试验机能力的 80%。

（4）如果样品进行冲击实验后，没有完全断裂，可以报出其冲击吸收功，或者和完全断裂样品的冲击吸收功平均后报出。如果样品未完全断开是因为试验机打击能量不足造成的，其冲击吸收功也不确定，在实验报告中应该注明。

（5）读取每个样品的冲击吸收能量，应至少估读到 0.5J 或 0.5 个标度单位（取两者之间较小者），实验结果至少应保留两位有效数字。

（三） 实验材料

实验材料为加工好的高速钢、低碳钢、纯铁以及铸铁四种材料，测量金属材料的韧脆转变温度。

实验报告

实验报告应包括以下内容：

（1） 冲击实验所采用的标准编号。

（2） 样品相关资料。

（3） 缺口类型（缺口深度）。

（4） 与标准尺寸不同的样品尺寸。

（5） 实验温度。

（6） 冲击吸收能量。

（7） 可能影响实验的异常情况。

实验十二

布氏、 维氏和洛氏硬度的测量原理及方法

〈一〉

实 验 目 的

（1） 掌握硬度的测试原理及测试方法。

（2） 测量纯铁的维氏硬度数值，与实验九所测得的屈服强度进行比较分析，得出二者在数值上的关系：$HV = 3Y$。

〈二〉

实 验 原 理

硬度是一项重要的力学性能指标，金属的硬度可以认为是金属材料表面在接触应力作用下抵抗塑性变形的一种能力，并且与其他力学性能之间有着一定的内在联系，所以从某种意义上说硬度的大小对于机械零件或工具的使用寿命具有决定性的意义。测量硬度的方法很多，大体上分为弹性回调法（如肖氏硬度）、压

入法（如布氏、洛氏、维氏硬度等）和划痕法（如莫氏硬度）三类，目前应用最广泛的测量方法为压入法，也是本节实验课的主要内容。硬度测量能够给出金属材料软硬程度的数值概念，硬度是衡量材料软硬的指标。不同的硬度测量方法有不同的标准。各种硬度标准的力学含义不同，不同的硬度之间不可以直接换算，但可以通过实验加以对比。

通常硬度测量产生的压痕很小，所以很多时候可以直接测量成品的硬度，没有必要加工专门样品进行硬度测量。用于硬度实验的硬度计成本低、构造简单，操作方便、快捷，并且金属材料的化学成分和组织结构即使发生微小的变化也会通过硬度反映出来，所以在检查金属材料的性能、热加工工艺的质量或研究金属组织结构的变化时，通常会用到硬度实验。因此，硬度实验特别是压入法硬度实验在生产及科学研究中得到了广泛的应用。

（一）洛氏硬度（Rockwell Hardness）

洛氏硬度实验是 1919 年美国的 Stanly P. Rockwell 发明的。此法是利用杠杆原理，将硬钢球或金刚石圆锥压痕器，用一定的载荷压入材料表面，使样品产生压痕，而压痕深度可换算为洛氏硬度值。洛氏硬度实验所用的压头有两种：一种是圆锥角为120°的金刚石圆锥，另一种是具有一定直径的小淬火钢球或硬质合金球。洛氏硬度常用的标尺有三种：HRA、HRB 和 HRC，它们的测试条件及应用见表 2-8。采用 HRA 时，载荷为 60kg，压头为金刚石圆锥，用于测试钢材薄板、硬质合金等较硬的材料。采用 HRB 时，载荷为 100kg，压头为直径 1.588mm 的淬硬钢球，用于测试软钢、有色金属、退火钢等较软的材料。采用 HRC 时，载荷为150kg，压头为金刚石圆锥，用于测试淬火钢、铸铁等较硬的材料。

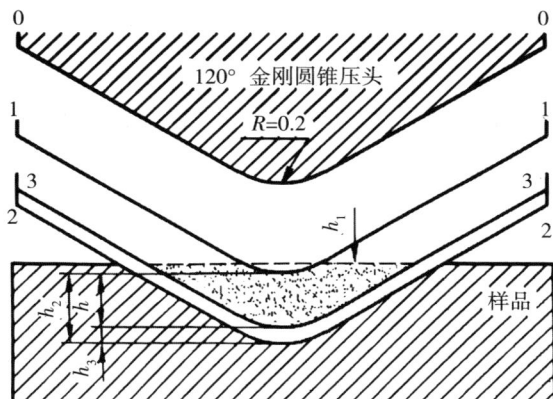

图2-42　洛氏硬度测量原理

表2-8　常用洛氏硬度标尺的实验条件和应用范围

标尺	硬度符号	压头类型	总载荷（N 或 kgf）	测量范围	应用范围
A	HRA	金刚石圆锥	588.4（60）	20~88	硬质合金、表面硬化层、淬火工具钢等
B	HRB	$D = 1.588mm$ 钢球	980.7（100）	20~100	低碳钢、铜合金、铝合金、铁素体可锻铸铁
C	HRC	金刚石圆锥	1 471（150）	20~70	淬火钢、调质钢、高硬度铸铁

洛氏硬度是以主载荷所引起的残余压入深度（$h = h_3 - h_1$）来表示的。但这样表示硬度会出现一个问题：硬的金属硬度值小，而软的金属硬度值反而大。为了与习惯上的概念相一致，硬度值表示为一个常数（K）减去（$h_3 - h_1$）的差值。为简便起见又规定每 0.002mm 压入深度作为一个硬度单位（即刻度盘上一小格）。洛氏硬度值的计算公式如下：

$$HR = \frac{K - (h_3 - h_1)}{0.002} \qquad (2.15)$$

式中，h_1 为预载荷压入样品的深度（mm）；h_3 为卸除主载荷后残留的压入深度（mm）；K 为一常数，若硬度计压头为金刚石圆锥，$K = 0.2$（用于 HRA、HRC），若硬度计压头为钢球，$K = 0.26$（用于 HRB）。因此，上式可改为：

$$HRC(HRA) = 100 - \frac{h_3 - h_1}{0.002}$$

$$HRB = 150 - \frac{h_3 - h_1}{0.002} \qquad (2.16)$$

采用洛氏硬度测量有许多优点：操作简单、快捷，可直接从硬度计表盘上读出硬度值，产生的压痕较小，对被测试材料破坏性不大，因此可以直接测试工件的硬度。洛氏硬度有不同的标尺，可以测量各种厚薄不同、种类不同的金属材料的硬度，所以洛氏硬度被广泛地用来检验热处理。采用洛氏硬度测量的缺点是：产生的压痕比较小，测出的硬度值代表性差，如果材料存在偏析或者材料中的组织不均匀等，那么得到的硬度值会重复性比较差，分散度大。除此以外，用不同标尺测得的硬度值彼此没有联系，相互之间不能直接比较。

（二）布氏硬度

布氏硬度是由瑞典工程师布瑞纳（J. B. Brinell）于 1900 年首先提出的，故称布氏硬度。布氏硬度也是表示材料硬度的一种标准，由布氏硬度计测定。布氏硬度的符号为 HBS 或 HBW。当采用淬硬钢球作为压头时，符号为 HBS，可以测定有色金属、灰口铸铁和软钢等 450 布氏硬度以下的材料。采用硬质合金作为压头时，符号为 HBW，可以测定 650 布氏硬度以下的材料。从 2003 年 6 月 1 日开始，原国标 GB/T 231—1984 废止，我国等效执行国际标准 ISO 6506，制定了新的国家标准：GB/T 231.1—2002，文中明确取消了钢球压头，全部采用硬质合金球头。因此 HBS 停止使用，全部用 HBW 表示布氏硬度符号。

测量布氏硬度时，将力 F 施加在压头上，压头直径为 D，压头在力的作用下压入样品表面，到达加载时间 t（s）后卸除实验力，样品表面将会残留冠状凹陷，按照如图 2 – 43 所示测量其直径，然后计算平均值 d。

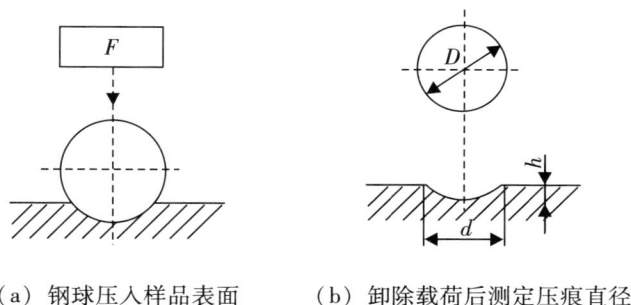

（a）钢球压入样品表面　　（b）卸除载荷后测定压痕直径

图 2 – 43　布氏硬度测量原理

将测量的数值代入如下公式或查表，即可计算出布氏硬度值。

$$HBW = \frac{2F}{\pi D(D - \sqrt{D^2 - d^2})} \tag{2.17}$$

式中，HBW 为布氏硬度值，F 为施加的力（kg），D 为球形压头的直径，d 为样品表面残余变形的平均直径。

采用布氏硬度测量的优点是，球形压头的直径比较大，被测样品表面的压痕面积较大，故硬度值能反映金属在较大范围内各组成相的平均性能，而不受个别组成相及微小不均匀性的影响。因此，布氏硬度实验特别适用于测量灰口铸铁、轴承合金等金属材料的硬度，因为这些材料的晶粒和组成相粗大。压痕较大保证了实验数据稳定且具有良好的测量结果重复性。采用布氏硬度测量的缺点是，当被测样品的材料不同时，需采用的球形压头直径和实验力也不同。由于测量压痕直径比较麻烦，所以用布氏硬度进行自动检测会受到限制。当压痕直径较大时，不宜在成品上进行实验。

由于布氏硬度值与实验规范有关，故其表示方法应能反映规范的内容。布氏硬度的表示方法：硬度值（用数字表示）+ HBW + 实验条件（用数字表示）+ 球形压头直径 + 实验载荷 + 加载时间（10~15s 不标注），用斜线隔开后三项。例如 200HBW10/1000/30 表示所用球形压头直径为 10mm，实验载荷为 9 807N（1 000kgf），加载时间为 30s 时测得的布氏硬度值为 200。

（三）维氏硬度（Vickers Hardness）

维氏硬度由于既适应硬度较高的材料，又适应硬度较低的材料，因而有着广泛的用途。维氏硬度计为两相对面夹角为136°的金刚石材质压头，如图2-44所示。测量后在样品表面留下如图所示的残余压痕，分别测量出对角线长度 d_1 和 d_2 并计算出平均值 d，按照公式计算出维氏硬度值。维氏硬度计算公式如下：

$$HV = \frac{2F\sin\frac{136°}{2}}{d^2} = \frac{1.854F}{d^2} \qquad (2.18)$$

式中，F 代表载荷（kgf），d 代表压痕对角线的平均值（mm）。

维氏硬度的表示方法是：硬度值、符号 HV、实验力、实验力保持时间（10~15s 不标注）。如 640HV30 表示：当实验力为294.2N、加载时间为 10~15s 时，样品的维氏硬度值为640。

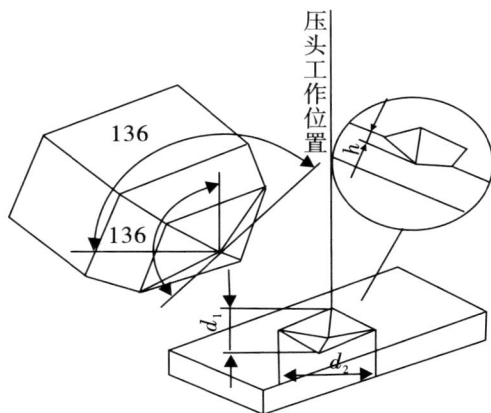

图 2-44　维氏硬度实验原理图

　　硬度的测量除要求严格按照上述各硬度测试方法的基本测量原理外，维氏、布氏和洛氏硬度国家标准还对硬度测量的具体细节做了规定，如有国标规定了样品或实验层厚度不得小于 1.5 倍压痕对角线，且实验后样品背面不应出现可见变形压痕。钢、铜及铜合金的压痕中心距离样品边缘不得比压痕对角线的 2.5 倍长度短，且其两个相邻压痕中心的距离不得比压痕对角线的 3 倍长度短；如果是轻金属、铅、锡及其合金不得短于 6 倍压痕对角线的长度；如果相邻的两个压痕大小不相同，应该以两个相邻压痕中较大的那个压痕来确定压痕间的距离。上述规定主要是为了避免硬度测量压痕附近产生的塑性变形以及加工硬化对下次测量产生影响。

（三）

实验设备材料

（1）布洛维硬度计、磨抛试验机、砂纸。

（2）拉伸前和拉伸（实验九）后的纯铁样品。

（3）金相光学显微镜。

（四）

实验报告

（1）简要叙述测量硬度的实验原理及测量硬度时的注意

事项。

（2）实验报告中给出自己所测样品压痕的光学显微镜照片、硬度数值和误差。

五

思考题

（1）施加不同载荷测量硬度，是否会对测量硬度值产生影响？为什么？

（2）硬度计压头形状保持不变，若改变其尺寸会对硬度测量值有影响吗？为什么？

第三章

综合设计实验

实验一

金属材料冷变形后的显微组织
与力学性能表征

实 验 目 的

（1）认识金属材料冷变形后显微组织和力学性能的变化规律。

（2）了解塑性变形对金属机械性能的影响（加工硬化现象）。

实 验 原 理

（一）金属材料的冷变形

冷变形或冷加工是金属在再结晶温度以下所进行的变形或加

工，如钢的冷拉、冷轧或冷冲压等。本实验是观测塑性变形（即外力撤除后也不会消失的变形）对材料微观组织和力学性能的影响规律，这里的塑性变形指的是冷变形，变形温度在再结晶温度以下，塑性变形发生的形式以滑移、孪生为主。因为冷变形时，材料不会发生再结晶，由变形引起的组织和性能的变化得以保留下来。

（二）冷变形程度对微观组织性能的影响

金属经冷加工变形后，其晶粒形状发生变化，变化趋势大体与金属宏观变形一致。如轧制变形时，原等轴状晶粒沿轧制方向伸长。纯铁试棒经过拉伸实验后，其原始等轴状晶粒将沿拉伸方向伸长，变成了细长状晶粒，晶粒内部会形成很多滑移带，这些滑移带会把拉长的晶粒分割成小块，在显微镜下分辨不清这些晶界和滑移带，它们呈纤维状，如图 3 - 2（b）所示。如果金属中有夹杂或第二相质点时，则塑性杂质将会沿变形方向被拉长成细带状，而脆性杂质会被粉碎成链状，呈带状分布。

（三）冷变形程度对力学性能的影响

组织的变化必然导致金属性能尤其是力学性能的变化，金属材料的冷变形会引起加工硬化。加工硬化是指随着变形的进行，材料的强度和硬度升高，但塑性和韧性下降。这主要是由冷加工过程中位错的交互作用引起的。当塑性变形程度增加，位错密度升高，位错之间不断发生反应和相互交割，结果产生固定割阶、位错缠结等，进而形成胞状亚结构，这些障碍阻碍了位错的运动，使位错的运动只能在一定范围内进行。这时要增加外力，才能克服位错间强大的交互作用力，使金属的变形继续。利用实验十二所学到的布氏、维氏、洛氏硬度测量方法来测量经过不同变形量的纯铁金属的硬度，以观察变形量对金属材料加工硬化的影响规律。

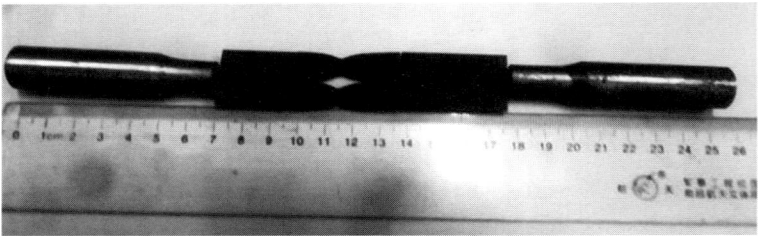

图 3 - 1　对拉伸实验后的工业纯铁进行切割

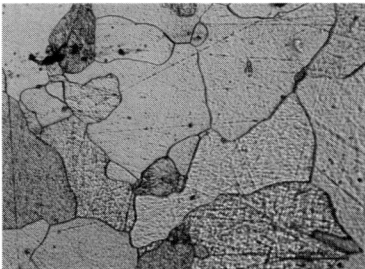

（a）未变形的纯铁等轴块状晶粒组织　　　　（b）经过拉伸实验后，沿着拉伸方向（箭头所示）伸长成带状的晶粒组织

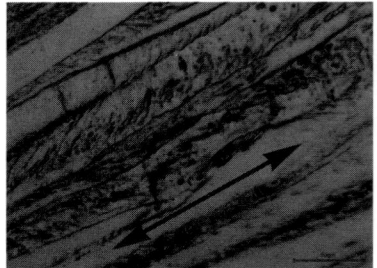

图 3 - 2　光学金相照片

（三）

实验过程

（一）冷变形样品

本实验采用的材料是纯度为 99.9％ 的退火态工业纯铁拉伸棒。工业纯铁拉伸棒在室温下被拉断之后，从拉伸棒上不同位置切取样品如图 3 –1 所示，并进行镶嵌、磨光和抛光，用4％硝酸酒精溶液腐蚀，并做金相观察和硬度测试，以观察其显微组织和力学性能的变化。

（二）实验设备及耗材

磨抛试验机、砂纸、抛光布、抛光膏、光学显微镜、硬度计。

（四）

实验报告

（1）符合实验报告基本规范，结构完整；实验结果记录准确齐全，配以必要的图表，且图表中标注规范、齐全。

（2）硬度测量部分在报告测量结果的同时要注明所用硬度计型号和测量方法。

（3）对金属冷变形后的显微组织和硬度变化情况进行分析讨论，且要紧密结合本实验所得结果进行。

实验二

再结晶对冷变形金属性能的影响

一

实验目的

（1）掌握冷变形量对再结晶退火后的晶粒度的影响。

（2）掌握金属发生再结晶的临界变形度的测定方法。

二

实验概述

冷变形后的金属，位错密度极大增加，形成亚结构，位错之间也会相互作用，使位错的进一步运动变得困难，从而使材料的强度升高，塑性下降，这就是加工硬化现象。冷变形会改变晶粒的大小、形状和分布，还会碎化晶粒。晶粒会沿着外力方向变形（被拉长或者缩短），当变形量很大时，在显微镜下看不清晶界，分辨不出一个个的晶粒，只能看到纤维状组织。变形后的金属，能量很高，处于亚稳状态，这时对金属进行一段时间的加热，可以使其达到一个稳定的状态，在这个加热的过程中，材料大致经历了恢复、再结晶和晶粒长大三个阶段。

恢复之后的金属材料在金相显微镜下观察其组织，几乎看不出变化。但是恢复之后的金属内应力大大降低，这是金属在恢复过程中发生的最显著的变化。金属的内应力之所以会大大降低主要是因为异号位错的相互抵消和同号刃型位错的多边化，这会使金属的能量降低。并且层错能高的多晶体材料在多边化后，形变晶粒中胞壁处的缠结位错会形成整齐的位错网络，这些位错网络构成了亚晶界，这样恢复前的"胞状组织"就转化成了"亚晶组织"，会使金属的内应力降低。

再结晶形核的基础是多边化产生的无应变的亚晶，形核之后的晶粒长大是通过晶界的移动来实现的，最后形成了等轴的新晶粒，这些新晶粒是无应变的。再结晶过程如图3-3所示。金属材料再结晶后的性能与冷变形前基本相同，这是再结晶最主要的意义。金属材料的晶粒度对材料的力学性能有极大的影响，也会影响其冷成形性能和使用性能。影响再结晶后金属材料的晶粒度的因素很多，变形程度是其中一个重要因素。

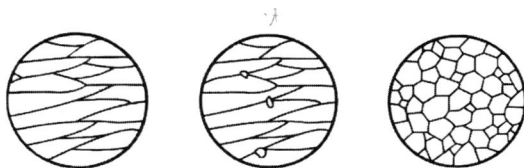

图3-3 再结晶过程示意图

变形度会极大地影响再结晶后金属材料的晶粒大小（如图3-4所示）。使金属发生再结晶的最小变形度叫临界变形度（铝约为2%），在临界变形度发生再结晶后得到的晶粒尺寸最大。当变形度低于临界变形度时，金属材料储存的变性能不足以驱动再结晶的发生。当变形度大于或等于临界变形度时，变形度越大，再结晶后的晶粒越小；但是加热温度越高，再结晶后的晶粒就会越大。

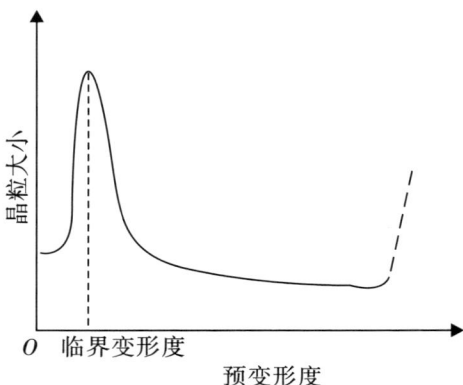

图3-4　再结晶晶粒尺寸与变形度的关系

实验内容及步骤

实验材料为纯度99.9%的工业纯铁板材（退火状态），铁棒经冷轧后达到以下变形度：0%、10%、20%、30%、70%、

100%，测试不同变形度材料的硬度值并观察其显微组织。冷轧铁板在 700℃退火 1h，退火后测试不同变形度材料的硬度值并观察其显微组织，测量材料的晶粒尺寸，并作出晶粒尺寸与变形度的关系曲线，以估算纯铁发生再结晶的临界变形度范围。具体实验步骤如下：

（1）测试退火前冷轧工业纯铁的硬度值并记录下来。

（2）观察退火前冷轧工业纯铁的金相显微组织，并采用第二章实验六中的体视学定量分析方法对晶粒尺寸进行定量分析统计。

（3）测试退火后冷轧工业纯铁的硬度值并记录下来。

（4）比较退火前后冷轧工业纯铁的硬度值和显微组织特征。

（5）作出再结晶晶粒尺寸与变形度的关系曲线，估算纯铁的再结晶临界变形度范围。

〈四〉

实验设备、 工具及材料

（1）拉伸机或万能材料试验机、箱式电阻炉、扳手、剪刀、游标卡尺、金相显微镜、硬度计等。

（2）纯铁薄片，浸蚀用硝酸、酒精等。

《五》

实验报告

（1）根据实验测得数据作出工业纯铁退火后的晶粒尺寸与变形度的关系曲线。

（2）比较退火前后冷变形金属的硬度值和金相显微组织。

实验三

差示扫描量热法（DSC）绘制 Pb – Sn 二元合金相图

实验目的

（1）了解使用热电偶测量温度的方法。

（2）掌握用热分析法测定材料的临界点的方法。

（3）学会用差示扫描量热法测绘 Pb – Sn 二元合金相图。

（4）掌握 DSC 数据结果分析，学习相变点的温度的确定方法。

实验原理

相图是多相（两相及两相以上）体系处于相平衡态时体系

的某物理性质（最常见是温度）对体系的某一自变量（如组成）所做的图形。相图的自变量通常为组成，物理性质一般为温度。在研究多相体系的性质和演变（如冶金工业中钢铁、合金冶炼过程，化学工业中原料分离制备过程）等问题时要用到相图，这是因为相图能反映出多相平衡体系在不同条件（如自变量不同）下相平衡的情况。二元相图是根据各种成分材料的临界点绘制的，临界点表示物质结构状态发生本质变化的相变点。测定材料临界点有动态法和静态法两种方法，如前者有热分析法、膨胀法、电阻法等；后者有金相法、X 射线结构分析法等。相图的精确测定必须由多种方法配合使用。借助相变过程中温度的变化可以获得常用的研究凝聚相（如固－液相、固－固相等）的方法，通过差热分析法和差示扫描量热仪法可以观察相变热效应的变化情况，以确定体系的相变化关系。它是利用金属及合金在加热或冷却过程中发生相变时，潜热的释放或吸收及热熔的突变，使得温度－时间关系图上出现平台或拐点，从而得到金属或合金的相转变温度。为了精确测定相变的临界点，用热分析法测定时冷却必须非常缓慢，以达到热力学的平衡条件，一般控制在每分钟 $0.5\,^{\circ}\!C \sim 0.15\,^{\circ}\!C$。

（一）差热分析法

差热分析（Differential Thermal Analysis，DTA）是一种重要的热分析方法，是指在程序控温下，测量样品和参比物的温度差与温度或者时间关系的一种测试技术，其基本原理如图 3 − 5 所示。通常由温度程序控制、气氛控制、差热放大器、记录仪等部分组成。温度程序控制是使样品在要求的温度范围内进行升温、

降温、恒温等，由加热炉（加热器、制冷器等）、测温热电偶和
程序温度控制器来控制加热炉的升温过程。气氛控制是为样品和
参比物提供真空、保护气氛和反应气氛。交换器是由同种材料做
成的一对热电偶，将它们反向串接，组成差示热电偶，并分别置
于样品和参比物样品盘底部，将差示热电偶的电压信号加以放大
后送到显示记录。

参比物应选择在实验温度范围内不发生热效应的物质，如
$\alpha - Al_2O_3$、石英粉、MgO 粉等。所选择参比物的热熔和热导率应
尽可能地与样品接近，将参比物和样品同时放在加热炉中的样品
盘上，使参比物和样品等速升温，如果样品不产生热效应，那么
在理想情况下，样品的温度等于参比物的温度，也就是 $\Delta T = 0$，
这时差示热电偶没有输出信号，差热记录图谱上是一条直线。而
当温度上升到某一值时，样品在这一温度发生热效应，这时样品
温度不再等于参比物温度，也就是 $\Delta T \neq 0$，在这种情况下差示热
电偶输出信号，记录图谱上是一条偏离基线的曲线，如图 3 - 6
所示。ΔT 随温度或时间而变化的曲线即为 DTA 曲线。

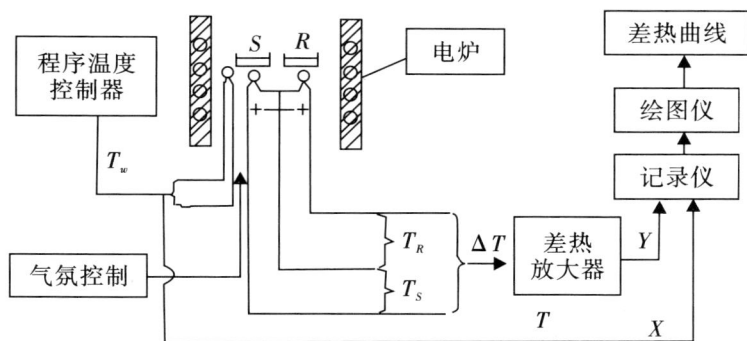

图 3 - 5 DTA 差热分析结构原理图

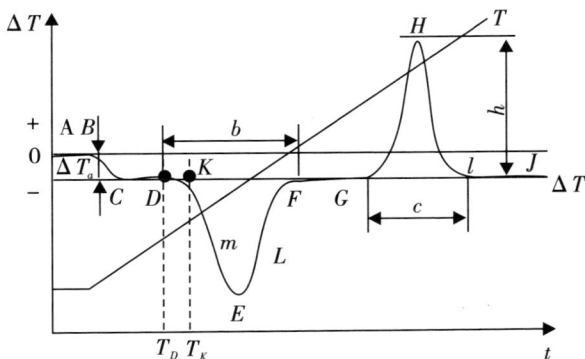

图 3 - 6   差热分析曲线

（二）功率补偿型 DSC 工作原理

差示扫描量热法是在程序控制温度下，测量输入到物质和参比物的能量差和温度的关系的一种技术。其克服了 DTA 在计算热量变化时的困难，为获得热效应的定量数据带来了很大的便利，同时还兼具 DTA 的功能。根据测量方法的不同，DSC 分为功率补偿型 DSC（见图 3 - 7）和热流型 DSC 两种类型。因为这两种类型都能定量地测定各种热力学参数，如热焓、比热容（公式 3.1），以及动力学等参数，因此它们被广泛地应用在科学和理论研究中。

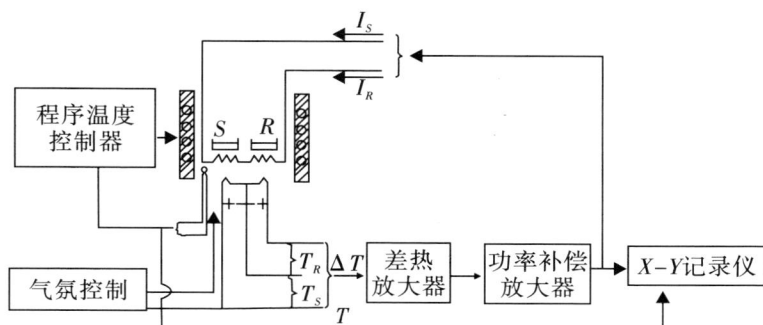

图 3-7　功率补偿式 DSC 原理图

$$C = \frac{Q}{\Delta T \cdot m} \qquad (3.1)$$

式中，C 为比热容 J·$(kg \cdot K)^{-1}$，m 为样品质量（kg），ΔT 代表样品的温度变化（K）。

平均温度控制回路中的电信号是由程序温度控制器提供的，此电信号被用来与试样池和参比池所需温度进行比较，同时此电信号也与记录仪连接，记录仪对其进行记录。程序信号和两个测量池的平均温度信号输入平均温度放大器，在放大器中比较程序温度和两个测量池的平均温度，如果两个测量池的平均温度低于程序温度，那么放大器将会给装在两个测量池上的独立电热器分别输入更多的电功率（公式3.2）以提高它们的温度。反之，则减少输入测量池的电功率，使两个测量池的温度降低，使之与程序温度相匹配，这就是温度程序控制过程。

$$W = I R^2 \qquad (3.2)$$

式中，W 为发热功率，I 为电流，R 为电阻。

DSC 和 DTA 的区别在于，DSC 有功率补偿器和功率放大器装在测量盘底部。所以，DSC 和 DTA 在示差温度回路中的特征完全不同，试样盘和参比物盘都装有电阻温度计，这两个电阻温度计除了提供平均温度信号，还会交替提供样品池和参比池的温度差值，温度差值被输入平均温度放大器并被其放大输入功率补偿放大器。当样品池的温度比参比池高时，功率补偿放大器会自动调节功率，减少样品池的补偿功率，增加参比池的补偿功率。当样品池的温度比参比池低，功率补偿放大器也会自动调节功率，增加样品池的补偿功率，减少参比池的补偿功率。

（三） 热流型 DSC 工作原理

热流型 DSC 的特点是利用导热性能好的康铜盘把热量传输给样品和参比物，并使它们受热均匀。样品和参比物平台下都有热电偶，热电偶可以测量样品和参比物的热量差。

实验设备及样品

（1）仪器设备：差示扫描量热仪 1 台、0.1mg 精度电子天平 1 台。

（2）实验样品：锡粉（化学纯）、铅粉（化学纯）、不同含量的 Pb – Sn 合金。

实 验 内 容

本实验将简单描述二元相图的表示和测定方法，复习相图热力学的基本要点。以图 3 - 8 中 Pb - Sn 二元合金相图为例，Pb 的熔点为 328℃，Sn 的熔点为 232℃。两条液相线交于 d 点，该共晶温度为 183℃。图中 α 是 Sn 溶于以 Pb 为基的固溶体，β 是 Pb 溶于以 Sn 为基的固溶体。

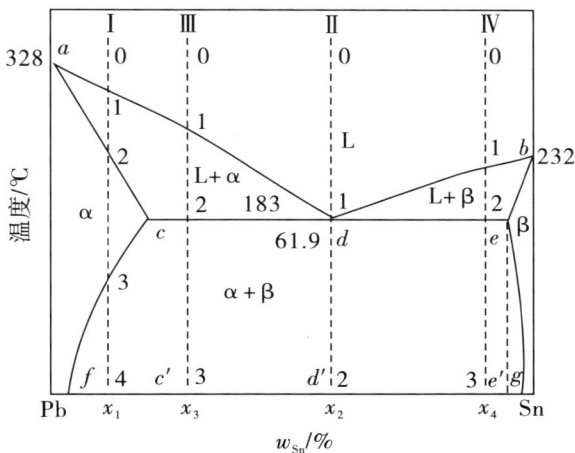

图 3 - 8　Pb - Sn 二元合金相图及成分线

测定一系列不同 Pb - Sn 合金成分下的由液体缓慢冷却至完全凝固的数据，作冷却曲线，找出转折点或者平台，即转变开始或者完成所对应的温度，由此，综合这一系列的温度和其所对应的成分即可作出平衡态下的相图，并计算出同种物质不同相状态的比热容。注意事项如下：

（1）Pb – Sn 混合物的液相必须均匀互溶。

（2）样品的降温速度必须缓慢。

（3）操作过程中，要防止样品被氧化及混入杂质。

《五》

思考题

（1）导致 DSC 测得二元合金加热和冷却过程中得到的相变点数值与二元合金相图中相变点数值产生差异的原因有哪些？

（2）是否可用加热曲线作相图，为什么？

（3）样品量和冷却速度对实验有何影响？

（4）试用相律分析最低共熔点及液相线的自由度。

实验四

未知显微组织样品的金相分析
（考试性实验）

一

实验目的

考查学生综合运用所学理论和实验技术的能力，是对学生学习本实验课的一个综合考查。

二

说明

该部分为考核性实验，检验学生综合运用相关课程知识的能力，采用适当的实验方法对未知材料的组织和力学性能进行分析并作出评价。

给学生提供一块二元合金的未知样品，告诉学生一些基本参数。要求学生自己查阅相图、制备金相样品、配置浸蚀剂，分析样品的组织和凝固过程，进行定量分析计算，最后提供在一定误差范围内样品组成元素的含量（重量百分比），并提供相应的典型组织照片。

〈三〉

实验注意问题

（1）分析显微组织时怎样确定不同的相？

（2）不同形态的组织由哪些相组成？这些组织是在什么样的条件下形成的？

（3）拍照时如何选择合适的放大倍数以更全面地显示组织特征？

（4）计算样品组成元素的含量时，选哪种组织及在怎样的放大倍数下较合理？

（5）分析时要有针对性。

〈四〉

实验报告要求

根据以上要求给出一份完整的实验报告。注意实验报告中各部分安排的合理性，整洁程度也计入考核成绩。

附录　学生实验规则

一、实验前应根据教师的指导作好准备，了解实验目的、内容和步骤。实验后应按要求独立完成实验报告。

二、守纪律，不迟到，不早退，不做与实验无关的事，保持实验室安静。

三、进入实验室，应在指定位置就位，清点仪器、器材、药品，发现不足立即报告教师，实验结束应及时清点、整理，并向教师报告。

四、实验室的一切物品未经管理人员许可，不得动用或带走。

五、严格执行操作规程，防火、防毒、防止触电事故。发现问题立即报告，保证实验安全。

六、节约水电、药品，爱护设备、仪器，损坏公物应主动报告，主动赔偿。

七、爱护卫生，每次实验后应认真清洁实验设备和实验室。

参考文献

［1］1192212.化学实验安全知识解读［EB/OL］.（2016 - 08 - 10）. https：//max. book118. com/html/2016/0810/51008424. shtm.

［2］百度文库.实验室安全与卫生管理［EB/OL］.（2011 - 03 - 21）. https：//wenku. baidu. com/view/fe339ddd5022aaea998f 0f81. html? _wkts_ = 1735882618396.

［3］彭彬.化学实验室"三废"的处理方法［J］.四川环境，2004（6）：118 - 121.

［4］杨张扬.浅谈学校化学实验室的"三废"处理［J］.黑河教育，2008（5）：36.

［5］r5adumaqb5.化工安全常识! 230［EB/OL］.（2012 - 07 - 23）. https：//www. docin. com/p - 447766587. html.

［6］常艳香.浅谈化学实验员的职业道德与安全实验［J］.中国外资，2013（8）：271 - 272.

［7］张艳玲.实验报告在培养工科大学生综合能力中的重要作用［J］.教育教学论坛，2020（30）：376 - 378.

［8］刘一. 电子测量教材 - 通信［EB/OL］.（2011 - 06 - 19）. https：//wenku. baidu. com/view/fdce2e315a8102d276a22fae. html? _wkts_ = 1735882803473.

［9］马铁军.实验室管理与建设刍议［J］.内蒙古民族大学学报，2007，13（5）：107－108.

［10］朱兆武，施大申.有效数字和测量误差［J］.计量技术，2000（6）：50－52.

［11］李佳伟.化学基础常识［EB/OL］.（2011－03－06）. https：//www.docin.com/p－140445087.html.

［12］杨柳.化学实验室安全管理及救护措施［J］.科学教育，2012，18（2）：74－75.

［13］孙晨.谈高校化学实验室安全管理［J］.广东化工，2010，37（1）：166－167.

［14］魏兵.化学实验室常见事故及消除方法［J］.内蒙古石油化工，2011，37（10）：137－138.

［15］0910404122.弹药靶场试验［EB/OL］.（2019－07－31）. https：//www.doc88.com/p－6716189713400.html.

［16］快乐颂.实验室设备作业指导书［EB/OL］.（2014－06－08）. https：//www.docin.com/p－828200476.html.

［17］徐徐.al－mg－li拉伸［EB/OL］.（2011－07－08）. https：//www.docin.com/p－230163504.html.

［18］乆仒伤近.硬度试验.doc［EB/OL］.（2012－06－15）. https：//www.docin.com/p－424210035.html.

［19］夏兴有.A3钢扭转预变形性能研究［D］.哈尔滨：哈尔滨工程大学，2007.

［20］淘豆网.scope偏光显微镜说明.doc［EB/OL］.（2018－11－27）. https：//www.taodocs.com/p－183851232.html.

［21］宁向梅，李谦.《材料科学基础B1》实验指导书

[EB/OL]. （2010 - 11 - 16）. https：//wenku. baidu. com/view/0f54f9d9a d51f01dc281f136. html? _wkts_ = 1735884125967.

[22] 叹花茗. 纤维切片的制作 [EB/OL]. (2012 - 06 - 15). https：//www. doc88. com/p - 672405636261. html.

[23] 幻儿. 材科基试验一二预习报告 [EB/OL]. (2012 - 12 - 16). https：//www. docin. com/p - 555256397. html.

[24] Prx0337167. 高一生物从生物圈到细胞 ppt [EB/OL]. (2014 - 10 - 11). https：//www. doc88. com/p - 7478875795211. html.

[25] 钱万祥. 金属材料与热处理 - 实验 [M]. 合肥：安徽科学技术出版社，2008.

[26] 陈曦，王志海. 工程材料实验指导书 [EB/OL]. (2010 - 07 - 12). https：//wenku. baidu. com/view/6c780b28915f804d2b16c1be. html? _wkts_ = 1735884847193.

[27] 百度文库. 金相样品的制备与显微组织的观察 [EB/OL]. (2011 - 01 - 13). https：//wenku. baidu. com/view/d4dcd5ea19e8b8f67c1cb959. html? _wkts_ = 1735884884419.

[28] 百度文库. 金属试样的制备与金相显微镜的使用 [EB/OL]. (2011 - 05 - 05). https：//wenku. baidu. com/view/f4220f35ee 06eff9aef807e3. html? _wkts_ = 1735884933602

[29] 巷陌残云. 西工大：金属试样的制备与金相显微镜的使用 [EB/OL]. (2012 - 04 - 29). https：//wenku. baidu. com/view/bba4fdc189eb172ded63b791. html? _wkts_ = 1735884961101.

[30] 中北大学材料科学及工程学院实验中心. 金相试验实验报告 [EB/OL]. (2012 - 12 - 04). https：//wenku. baidu. com/view/ca4f8912a8114431b90dd849. html? _wkts_ = 1735885010208.

［31］百度文库.实验一金相试样的制备［EB/OL］.（2011 -
11 - 17）. https：//wenku. baidu. com/view/39defe1355270722192ef
7e5. html？_wkts_ = 1735885230364.

［32］张焱，尤显卿，叶劲，等.新型复合材料 LGJW20 显微
组织的研究［J］.热加工工艺，2010，39（7）：52 -55.

［33］陈天.金相试样机械抛光质量影响因素及解决措施
［J］.化工管理，2019（23）：123 -124.

［34］王慧颖.硅通孔铜互连材料力学性能的研究［D］.上
海：上海交通大学，2019.

［35］百度文库.材料科学与工程基础实验指导书［EB/
OL］.（2010 - 05 - 19）. https：//wenku. baidu. com/view/91d859
192279168 88486d707. html？_wkts_ = 1735885301282.

［36］李姝睿.球墨铸铁显微组织的体视学定量分析［J］.辽
宁工程技术大学学报（自然科学版），2011，30（S1）：
167 -169.

［37］刘国权，刘胜新，黄启今，等.金相学和材料显微组
织定量分析技术［J］.中国体视学与图像分析，2002（4）：
248 -251.

［38］吴文亮，王端宜，张肖宁，等.沥青混合料级配的体
视学推测方法［J］.中国公路学报，2009，22（5）：29 -33.

［39］李洪涛，何绍会.钛合金 Ti6Al4V 铣削力试验分析
［J］.工具技术，2011，45（12）：34 -36.

［40］张寅.ISO 185：2005《灰铸铁》国际标准解读［J］.
铸造，2016，65（7）：683 -686.

［41］胡卫国.螺旋焊管焊接接头常见缺陷及问题分析［D］.

西安：西安石油大学，2015.

[42] 重庆金世利钛业打造航空钛合金研发制造基地［J］.特种铸造及有色合金，2018，38（1）：84.

[43] 王建萍.基于数字图像处理的金相几何参数的定量分析与研究［D］.杭州：浙江大学，2003.

[44] 杨柏楠，高玉双.钛合金叶片成形工艺及优化［J］.铸造技术，2014，35（7）：1589-1591.

[45] 薛玉荣.汽车曲轴用 TA15 合金在电子束焊接过程中的疲劳性能研究［J］.铸造技术，2015，36（5）：1270-1271.

[46] 童龙刚.锆合金相变点测试方法研究［D］.西安：西安建筑科技大学，2019.

[47] 倪文武.管式换热器加热改善电解铜的吸附能力［J］.中外企业家，2013（19）：239-240.

[48] 林亚玲.浅议洗衣机用铜线电机和铝线电机的性能区别［J］.科技致富向导，2012（35）：1.

[49] 凌伟.松软煤层抽采钻孔护孔泡沫混凝土试验性能研究及应用［D］.西安：西安科技大学，2020.

[50] 周源.沥青混凝土桥面铺装粘结层界面结构和性能研究［D］.广州：华南理工大学，2013.

[51] 杜熠.微生物载体高硅铁尾矿基多孔陶粒孔结构调控及生物效应研究［D］.天津：河北工业大学，2019.

[52] 百度文库.074 材料科学基础实验指导@北工大 lab8［EB/OL］.（2012-08-20）. https：//wenku. baidu. com/view/4243 a6c058f5f61fb73666b5. html?_wkts_=1735885474459.

[53] 章凯.挤压工艺对 Mg-3Al-3Zn-3Ca 合金微观组织

和力学性能的影响［D］.长沙：湖南大学，2017.

［54］王刚，李新颖，张树泉，等.三种内外固定器械固定胫骨骨折的蠕变特性分析［J］.中国组织工程研究，2016，20（48）：7206 - 7211.

［55］沈莹莹.真空吸铸法制备 SiC_f/γ - TiAl 复合材料界面反应及力学性能研究［D］.北京：中国科学技术大学，2021.

［56］中华人民共和国国家标准金属材料室温拉伸试验方法（续）［J］.理化检验（物理分册），2003（6）：324 - 327.

［57］陶麒鹦.纤维状 CuO 组织对 AgCuO 电触头材料力学及电接触性能的影响［D］.昆明：昆明理工大学，2016.

［58］龙怀中，彭超群，何学锋，等.材料冶金类科技论文中常用物理量的规范表达［J］.中国有色金属学报，2009，19（7）：1350 - 1353.

［59］高希朋.Mg - xZn - 0.6Zr 合金细晶板材的力学及阻尼性能研究［D］.长沙：湖南大学，2018.

［60］百度文库.试验：铸造对组织影响［EB/OL］.（2011 - 08 - 11）. https：//wenku. baidu. com/view/4af58f1455270722192ef7f1. html？_wkts_ = 1735886162707.

［61］张远，陶树明，邱小云，等.生物降解塑料及其性能评价方法研究进展［J］.化工进展，2010，29（9）：1666 - 1674.

［62］雷淼，周健，李孟茹，等.聚四氟乙烯压缩蠕变行为测试与表征［J］.工程塑料应用，2021，49（6）：118 - 124，136.

［63］弹指红颜老.工程材料教案［EB/OL］.（2012 - 07 - 11）. https：//www. docin. com/p - 439085618. html.

［64］贾鹏飞.松南页岩油大规模加砂压裂技术［J］.石油知

识，2021（5）：52－53.

[65] 陈乐，肖红星，梁波，等.加 Sn 对 AgInCd 压缩蠕变行为影响 ［J].核动力工程，2015，36（3）：167－171.

[66] 龙燕.加工工艺和层错能对超细晶 Cu－Al 合金力学性能影响的研究 ［D].昆明：昆明理工大学，2013.

[67] 张金刚.超细晶钨合金（W－Ni－Fe）材料的制备与性能研究 ［D].武汉：武汉理工大学，2020.

[68] hgttcc.材料成型技术基础专升本复习题库 ［EB/OL].（2011－11－02）. https：//www. doc88. com/p－6691320274529. html.

[69] 朱天戈，李晓林，杨化浩，等.几种 PE 树脂在高拉伸应变速率下的拉伸行为研究 ［J].塑料工业，2016，44（7）：71－73，91.

[70] 中南大学机电工程学院.工程材料 1－3 ［EB/OL].（2012－08－30）. https：//wenku. baidu. com/view/9a5fcfb769dc5022aaea00a9. html？_wkts_ = 1735886415966.

[71] 徐倩.声发射在材料检测中的应用 ［D].唐山：河北联合大学，2012.

[72] 郭书涛.焦化炉 Cr5Mo 炉管高温损伤和剩余寿命预测 ［D].杭州：浙江工业大学，2008.

[73] 张红梅，郝爽，马奎星.金属材料夏比摆锤冲击试验研究 ［J].重型汽车，2011（6）：25－26.

[74] 越过蓝色大西洋.材料力学性能－第 2 章 ［EB/OL].（2013－02－19）. https：//www. doc88. com/p－098252455542. htm.

[75] 李达.某 16 万方 LNG 储罐罐顶气顶升研究 ［D].大

连：大连理工大学，2011.

［76］张光辉.金属—陶瓷梯度材料强度问题的理论研究［D］.武汉：武汉理工大学，2004.

［77］Tkhyxy.变形及残余应力对金属镀层力学性能的影响［EB/OL］.（2019 - 09 - 17）.https：//www.doc88.com/p - 69359 14901789.html.

［78］崔颖，史志龙.锅炉压力容器 DIWA353 钢板韧脆转变温度的测定［J］.黑龙江电力，2008（1）：48 - 49，61.

［79］工程材料基础［EB/OL］.（2011 - 04 - 28）.https：// max.book118.com/html/2019/1016/6030020002002114.shtm.

［80］冯平.亚温淬火对 22SiMnCrNi2Mo 钢组织和性能的影响［D］.扬州：扬州大学，2017.

［81］王爽.爆炸复合板焊接接头组织及性能研究［D］.沈阳：沈阳理工大学，2014.

［82］陈保华，赵晓峰.常用硬度的测试原理及表示方法［J］.金属加工（热加工），2008（15）：69 - 71.

［83］李维钺.谈《金属材料夏比摆锤冲击试验方法》新标准［J］.金属热处理，2009，34（8）：108 - 110.

［84］雄霸天下.《金属材料 夏比摆锤冲击试验方法》标准全文及编制说明.pdf［EB/OL］.（2019 - 10 - 16）.https：//max.book118.com/html/2019/1016/6030020002002114.shtm.

［85］李惠琪，孙玉宗，于洪爱.等离子束冶金复合材料研究与应用［J］.山东科技大学学报（自然科学版），2006（2）：23 - 26.

［86］刘洋.SnAgCuNiBi 无铅钎料焊接性能及 IMC 生长机制

[D]. 哈尔滨：哈尔滨理工大学，2010.

[87] 安徽工程科技学院材料教研室. 材料成型与控制工程专业材料科学基础实验指导书 [EB/OL]. (2019 - 11 - 04). https：//wenku. baidu. com/view/6989074164ce0508763231126edb6f1afe0071b7. html？_wkts_ = 1735885693630eq29tey.

[88] 成都市普通高中教学管理工作意见 [EB/OL]. (2013 - 03 - 17). https：//www. docin. com/p - 616630622. html.

[89] 南华大学机械工程学院材料成型与控制工程系. 材料成型与控制工程专业材料科学基础实验指导书 [EB/OL]. (2012 - 06 - 27). https：//wenku. baidu. com/view/b76738bb960590c69ec37654. html？_wkts_ = 1735883674143.

[90] 何玲. 冷拉伸滚压成形技术研究 [D]. 贵阳：贵州大学，2007.

[91] 热分析演示文稿 [EB/OL]. (2012 - 06 - 06). https：//wenku. baidu. com/view/29dc94d2b14e852458fb5710. html？_wkts_ = 17358837238359l3y4fES.

[92] 物理化学实验指导书内容 [EB/OL]. (2017 - 01 - 04). https：//www. doc88. com/p - 9075608344646. html.

[93] 李建明，吴景贵. 不同来源有机物料对黑土腐殖质热学性质影响差异性的研究 [C] //中国土壤学会. 面向未来的土壤科学（上册）——中国土壤学会第十二次全国会员代表大会暨第九届海峡两岸土壤肥料学术交流研讨会论文集. 吉林农业大学资源与环境学院，2012：7.

[94] 谭君. TiO2 太阳能光解水催化剂的制备和性能表征 [D]. 成都：成都理工大学，2009.

［95］黄玲.无机氧化物铬酸镧的制备及烧结性能的研究［D］.武汉：湖北工业大学，2011.

［96］李庆领.聚合物在挤出加工过程中的传热及流动特性研究［D］.武汉：华中科技大学，2004.

［97］邓赞辉.2195 铝锂合金多道次压缩及退火过程微观组织演变规律研究［D］.重庆：重庆大学，2017.

［98］刘禹.C/C 复合材料中纳米四方氧化锆的稳定化合成及其抗烧蚀性能的研究［D］.北京：北京化工大学，2018.

［99］北京石油化工学院物理化学教研室.物理化学实验讲义［EB/OL］.（2009 - 05 - 25）. https：//www. docin. com/p - 206 69138. html.

［100］刘云亮.褐煤制备冶金还原气的研究［D］.昆明：昆明理工大学，2011.

［101］钱万祥.金属材料与热处理［M］.合肥：安徽科学技术出版社，2009.

［102］席生岐.工程材料基础实验指导书［M］.西安：西安交通大学出版社，2005.

［103］广州粤显光学仪器有限责任公司.产品展示：金相显微镜系列［EB/OL］.（2009 - 05 - 05）. http：//www. lissgx. com/ productshow. php？ pid = 832.

［104］张霞.材料物理实验［M］.上海：华东理工大学出版社，2014.

［105］蔡晶晶.药用微生物技术实训［M］.南京：东南大学出版社，2013.

［106］林昭淑.金属学及热处理实验［M］.长沙：湖南大学

出版社，1996.

［107］lylsf555. 金相化学腐蚀方法［EB/OL］.（2010 - 09 -
02）. https：//bbs. instrument. com. cn/topic/2759120？UID = .

［108］上海国检浦东检测技术有限公司. 钢材在不同热处理
状况下的金相组织展现［EB/OL］.（2020 - 06 - 01）. https：//
www. chinazbj. com/Article/gczbtrclzk. html.

［109］Qazwsx1987. 20 号碳钢金相图谱［EB/OL］.（2013 -
09 - 03）. https：//muchong. com/t - 6312999 - 1.

［110］0lympus. 金相照片［EB/OL］.（2010 - 08 - 12）. ht-
tps：//bbs. instrument. com. cn/topic/2714839？UID = olympus&so-
rtby = desc.

［111］刘胜明，任平，贺毅. 工程材料［M］.3 版. 成都：西
南交通大学出版社，2022.

［112］刘朝福. 工程材料［M］. 北京：北京理工大学出版
社，2015.

［113］倪红军，黄明宇. 工程材料［M］. 南京：东南大学出
版社，2016.

［114］陈文凤. 机械工程材料［M］. 北京：北京理工大学出
版社，2018.

［115］贾蔚菊，毛小南，侯红苗，等. 一种高强改性 Th -
6Al - 4V 钛合金大规格棒材的制备方法［P］.2018 - 12 - 18.

［116］材科基实验 1 课件 2：体视学含量分析［EB/OL］.
（2021 - 05 - 23）. https：//wenku. baidu. com/view/3587b40e152de
d630b1c59eef8c75fbfc67d9477. html?fr = income1 - doc - search&_
wkts_ = 1741572653977&wkQuery = .

［117］沙桂英.材料的力学性能［M］.北京：北京理工大学出版社，2015.

［118］熔敷金属圆棒拉伸取样尺寸［EB/OL］.（2022 - 02 - 11）.http：//www. renrendoc. com/paper/193106126. html.

［119］张帆，郭益平，周伟敏.材料性能学［M］.2 版.上海：上海交通大学出版社，2014.

［120］朱和国，王新龙.材料科学研究与测试方法［M］.2 版.南京：东南大学出版社，2013.

［121］蔡宏伟.金相检验［M］.上海：上海科学普及出版社，2003.

［122］陆文周.工程材料及机械制造基础实验指导书［M］.南京：东南大学出版社，1997.

［123］赵程，杨建民.机械工程材料［M］.北京：机械工业出版社，2003.

［124］蒋清亮.工程材料与热处理［M］.北京：北京邮电大学出版社，2011.